POWER OIL AND GAS IN DETERMINATION
AND SUPERVISION MANAGEMENT

电力用油气
检测及监督管理

华电电力科学研究院有限公司　组编

中国电力出版社
CHINA ELECTRIC POWER PRESS

内 容 提 要

本书共分九章，系统介绍了发电企业设备用油气的运行、维护及监督与油处理过程中涉及的专业知识，涵盖了变压器油、涡轮机油、抗燃油、风力发电机齿轮油、六氟化硫气体及天然气的专业理论知识、分析检测技术、监督与维护管理、净化与处理技术等。

本书可供发电企业油气相关专业技术人员参考使用。

图书在版编目（CIP）数据

电力用油气检测及监督管理 / 华电电力科学研究院有限公司组编. —北京：中国电力出版社，2020.8
ISBN 978-7-5198-4695-4

Ⅰ.①电… Ⅱ.①华… Ⅲ.①电力系统－润滑油 ②电力系统－液体绝缘材料 ③电力系统－气体绝缘材料 Ⅳ.① TE626.3

中国版本图书馆 CIP 数据核字（2020）第 099605 号

出版发行：中国电力出版社
地　　址：北京市东城区北京站西街 19 号（邮政编码 100005）
网　　址：http://www.cepp.sgcc.com.cn
责任编辑：赵鸣志（010–63412385）
责任校对：黄　蓓　朱丽芳
装帧设计：赵姗姗
责任印制：吴　迪

印　　刷：三河市万龙印装有限公司
版　　次：2020 年 8 月第一版
印　　次：2020 年 8 月北京第一次印刷
开　　本：880 毫米 ×1230 毫米 32 开本
印　　张：8
字　　数：210 千字
印　　数：0001—1500 册
定　　价：45.00 元

编委会

前 言
Preface

发电机组容量和供配电设备参数不断提高,电力设备用油气在其中发挥着重要作用,主要用于蒸汽轮机、水轮机、燃气轮机和燃气—蒸汽联合循环涡轮机发电机、风力发电机齿轮箱、变压器、断路器、互感器、组合电器等多种发电、供电设备,以及水泵、风机、磨煤机、空气预热器、空气压缩机等电厂辅机。电力设备用油气的质量直接关系到设备安全经济运行。随着计划检修向状态检修转变,油气监督显得愈发重要。

本书反映了我国电力行业油气检测发展状况和最新检测技术;阐述了如何提高电力用油气检测结果的准确性,有效判断油气的状态,及时预测设备潜在故障;重点突出了火电、水电、光伏发电及分布式发电领域的电力用油在新油验收、运行、监督等方面的检测问题、误差分析、质量分析及数据处理,并结合实践经验总结了异常分析、故障判断等内容。

本书共分九章,系统介绍了发电企业设备用油气的运行、维护及监督与油处理过程中涉及的专业知识,涵盖了变压器油、涡轮机油、抗燃油、风力发电机齿轮油、六氟化硫气体及天然气的专业理论知识、分析检测技术、监督与维护管理、净化与处理技术等。

由于编者水平和能力所限,书中难免存在不足之处,敬请广大读者不吝指正。

编者
2020 年 1 月

目 录
Contents

前言

第一章 基础知识

本章主要介绍了无机化学、有机化学及仪器分析相关理论知识；石油化学基础知识；设备用油主要成分及添加剂分类；变压器油、涡轮机油、抗燃油、齿轮油四种常用主设备用油的简介、性能、油系统及其功能、使用安全知识；六氟化硫气体简介及电气性能；电力用油气安全防护与预防。

第一节 分析检测基础

一、玻璃器皿的洗涤

玻璃器皿洗涤是否合格，直接影响分析结果的可靠性和准确度。洗涤任何玻璃器皿之前，需倒掉器皿内原有物质，再进行洗涤。

（一）水洗

根据玻璃器皿的规格，选择合适的刷子，用水刷洗，主要去除灰尘和可溶性物质。

（二）洗涤剂洗

蘸取少量洗涤剂，反复刷洗，边刷边用水冲洗。倒去冲洗水后，玻璃器皿壁上不挂水珠，再用纯水至少涮洗三遍。

（三）化学洗液

对于不易去除的污物，可选用适宜的化学洗液洗涤，常用的洗液见表 1-1。使用化学洗液时需注意，在换用另一种洗液时，一定要除尽前一种洗液，以免互相作用，降低洗涤效果，甚至生成更难洗涤的物质。用洗液洗涤后，仍需先用自来水冲洗，再用纯水至少涮洗三遍，除尽自来水。

表 1-1 常用洗液

洗液名称	配制方法	用途	注意事项
铬酸洗液	称取 20g 化学纯 $K_2Cr_2O_7$，加 40mL 水，加热溶解。冷却后，将 360mL 浓硫酸沿玻璃棒慢慢加入上述溶液中，边加边搅拌。冷却，备用	一般油污	（1）具有强腐蚀性，防止烧伤皮肤；（2）废液污染环境；（3）储存瓶要盖紧，以防吸水失效；（4）如呈绿色，则失效，可加入浓硫酸，氧化后继续使用
碱性乙醇洗液	6gNaOH 溶于 6g 水中，再加入 50mL 乙醇（95%）	清洗油脂、焦油、树脂	（1）应储于胶塞瓶中；（2）防止挥发、防火
高锰酸钾洗液	4gKMnO$_4$ 溶于少量水，加入 10gNaOH，再加水至 100mL	油污、有机物	浸泡后器皿上会残留 MnO_2 棕色污迹，可用 HCl 洗去
磷酸钠洗液	57gNa$_3$PO$_4$，28.5g 油酸钠，溶于 470mL 水	碳的残留物	浸泡数分钟后再刷洗
硝酸-过氧化氢洗液	15%~20%HNO$_3$ 加等体积的 5%H$_2$O$_2$	化学污物	久存易分解
碘-碘化钾洗液	1g 碘，2g 碘化钾，混合研磨，溶于少量水后，再加水到 100mL	$AgNO_3$ 的褐色残留物	现用现配
有机溶剂	采用苯、乙醚、丙酮、酒精等有机溶剂	油污、有机物	用过的溶剂应回收

二、溶液的浓度及其表示方法

溶质溶解在溶剂中形成均匀且呈分子或离子状态分布的稳定体系称作溶液。溶解在溶剂中的物质称为溶质,能溶解溶质的物质称为溶剂。

一定量的溶液或溶剂中所含溶质的量,称做溶液的浓度,溶液浓度的常用表示方法如下。

(一)比例表示法

(1)体积比例表示法($V:V$),常用于液体体积稀释或混合。

(2)质量比例表示法($m:m$),常用于表示固体试样。

(二)百分浓度表示法

(1)容量对容量百分浓度 [%(V/V)],是指 100mL 溶液中所含液体溶质的体积数。

(2)质量对容量百分浓度 [%(m/V)],常用于固体试剂配制溶液时。

(3)质量百分浓度 [%(m/m)],是指 100g 溶液中所含溶质的克数。

(三)物质的量浓度

物质的量浓度是单位体积(V)混合物中物质 A 的量(n_A),称为物质 A 的量浓度,其符号为 C_A,即

$$C_A = n_A/V$$

这一定义适用于气体混合物、固体溶液和溶液。当用于溶液时,n_A 是溶质 A 的物质的量,V 是溶液体积。

(四)滴定度

滴定度为每 1mL 某摩尔浓度的滴定液相当于被测药物的质量。如 T(EDTA/CaO)=0.5mg/mL,表示 1mL 的 EDTA 标准溶液可滴定 0.5mg 的 CaO。

第二节　实验室分析方法

一、酸碱滴定

酸碱电离理论是溶于水能电离生成氢离子（H^+）的化合物称为酸，能电离生成氢氧根离子（OH^-）的化合物称为碱，酸碱中和生成盐和水。

酸碱滴定通过颜色变化来判断终点，当溶液 pH 值变化时，指示剂失去质子，由酸转变为共轭碱，或得到质子由碱转变为共轭酸，指示剂在结构上发生变化，判断滴定反应的终点。

常用的指示剂为甲基橙、酚酞指示剂。在碱性溶液中，甲基橙以黄色偶氮式形式存在；在酸性溶液中，甲基橙以红色双极离子形式存在。

二、萃取分离

萃取称溶剂萃取或液液萃取。在油质分析中，水溶性酸、酸值、T501 抗氧化剂和糠醛的测定就是应用萃取分离法进行的。

萃取是利用系统中组分在溶剂中有不同的溶解度来分离混合物，即利用物质在两种互不相溶的溶剂中溶解度或分配系数的不同，使溶质物质从一种溶剂内转移至另外一种溶剂中。常见的萃取剂有甲苯、三氯甲烷、甲醇和四氯化碳。萃取剂要与原溶剂互不相溶、互不发生反应，且溶质在萃取剂中的溶解度远大于在原溶剂中的溶解度。

三、气相色谱分析

色谱法是一种分离技术，具有高分离效能、高检测性能、分析时间快速等优点。其原理是，使混合物中各组分在两相间进行分配，其中一相是不动的，称为固定相；另一相是携带混合物流过此固定相的流体，称为流动相。当流动相中所含混合物经过固定相时，就会与固定相发生作用。由于各组分在性质上和结构上的差异，与固定相发生作用的大小、强弱也有差异，因此在同一推动力作用下，不同组分在固定相中的滞留时间有长有短，从而按先后不同次序从固定相中流出。

样品在进样系统的汽化室中汽化，被载气带入色谱柱分离系统。样品中各组分与色谱柱固定相的吸附力不同而被分离，先后进入检测系统。检测器能够将样品组分转变为电信号，而电信号的大小与被测组分的量或浓度成正比，将信号放大并记录成气相色谱图谱。

（一）进样系统

气相色谱的进样系统是将气体、液体或固体溶液试样引入色谱柱前瞬间气化、快速定量转入色谱柱的装置，包括进样器和气化室两部分。

（二）载气系统

载气系统包括气源、气体净化、气体流速控制和测量。载气一般为惰性气体，常见的载气包括氦气、氮气、氩气。气路控制系统将载气按照一定比例和流量分配至进样系统和色谱分析系统，将燃气和助燃气输送至检测系统。

（三）色谱分离系统

色谱分离系统是指色谱柱，其按照材质种类可分为填充柱和毛细管柱，其作用是利用样品中各组分在固定相上吸附力的不同进行组分分离。当多组分的混合样品进入色谱柱后，根据固定相对每个组分的吸附力不同，经过一定时间后，各组分在色谱柱中的运行速度也不同，吸附力弱的组分容易被解吸下来，最先被载气带离色谱柱进入检测器，吸附力强的组分最不容易被解吸下来，最后离开色谱柱。

（四）检测系统

检测系统包括检测器、检测器的电源及控温装置。色谱检测器最常用的有氢火焰离子化检测器（FID）和热导检测器（TCD）。

FID 对含碳有机化合物有很高的灵敏度，一般比 TCD 的灵敏度高几个数量级，能检测至 1×10^{-12}g/s 的痕量物质。FID 因其结构简单，灵敏度高，响应快，稳定性好，且死体积小、线性范围宽，可达 1×10^6 以上，是一种较理想的检测器。

TCD 结构简单，灵敏度适宜，稳定性较好，且对所有物质都响应，是一种应用最广、最成熟的检测器。

目前气相色谱检测器还有电子捕获检测器（ECD）、火焰光度检测器（FPD）等。

四、高效液相色谱分析

高效液相色谱法是 20 世纪 70 年代迅速发展起来的一项高效、快速的分离技术。高效液相色谱采用了高压泵、高效固定相和高灵敏度检测器，实现了分析速度快、分离效率高和操作自动化。变压器油中糠醛、T501 抗氧化剂和金属钝化剂等可利用高效液相色谱测定。

（一）分离原理

高效液相色谱是流动相和固定相互不相溶，两者之间有一个明显的分界面。试样溶于流动相后，在色谱柱内经过分界面进入固定相中，由于试样组分在固定相和流动相之间的相对溶解度存在差异，因而溶质在两相间进行分配，即分离的顺序决定于分配系数的大小，分配系数大的组分保留值大，且流动相的种类对分配系数有较大影响。

（二）进样系统

进样系统包含注射器进样装置和高压定量进样阀两部分。

在高效液相色谱中，进样方式及试样体积对柱效有很大影响。要获得良好的分离效果和重现性，需要将试样"浓缩"地顺时注入到色谱柱上端柱担体的中心成一个小点。如果把试样注入到柱担体前的流动相中,通常会使溶质以扩散形式进入柱顶,就会导致试样组分分离效能的降低。

(三)色谱柱

液相色谱柱法常用的标准柱型是内径为 4.6mm 或 3.9mm,长度为 15~30cm 的直形不锈钢柱。高效液相色谱柱主要取决于柱填料的性能,但也与柱床的结构有关,而柱床结构直接受装柱技术的影响。因此,装柱质量对柱性能有重大的影响。通常装柱方法有干法和湿法两种。

(四)检测器

检测器是将从高压液相色谱柱流出物中样品组成和含量的变化转化为可供检测的信号,其具有灵敏度高、重现性好、响应快、线性范围宽、适用范围广、对流动相流量和温度波动不敏感、死体积小等特性。常用的检测器有紫外光度检测器、荧光检测器、差示折光检测器、电导检测器等。

五、红外光谱分析

红外吸收光谱又称分子振动光谱或振转光谱,用于分子结构的基础研究和化学组成的分析。在变压器油检测中,用于测定油结构族组成和 T501 抗氧化剂含量。

(一)定性分析

红外光谱对有机化合物的定性分析具有鲜明的特征性。因为每一种化合物都具有特异的红外吸收光谱,其谱带的数目、位置、形状和强度均随化合物及其聚集态的不同而不同,因此根据化合物的光谱,确定该化合物或其官能团的存在。

红外光谱定性分析分为官能团定性和结构分析两个方面。官能团定性是根据化合物的红外光谱的特征基团频率来检定物质含有哪些基团，从而确定有关化合物的类别。结构分析是由化合物的红外光谱并结合其他检测结果推断有关化合物的化学结构。

在红外光谱定性分析中，无论是已知物的验证，还是未知物的检定，均需利用纯物质的谱图来做校验。此外纯物质标准谱图还可通过查阅标准谱图集，但查对时需注意被测物和标准谱图上的聚集态、制作方法应一致。

（二）定量分析

红外光谱分析和紫外、可见光吸收光光度法一样，是根据物质组分的吸收峰强度进行的，各种气体、固体和液体物质，均可采用红外光谱法进行定量分析。

红外光谱分析优点是有较多特征峰可供选择，但在测量时必须消除仪器的杂散辐射和试样的不均匀性。

第三节　石油化学基础知识

石油是一种黑色、褐色或黄色的流动或半流动的黏稠液体。根据石油产地不同，其化学组成、颜色、气味、凝固点等特性差别较大，但其化学组成基本均以碳、氢、氧、氮和硫为主，其中碳元素占比为 83%~87%，氢元素占比为 11%~14%，氧元素占比为 0.05%~2%，氮元素占比为 0.02%~2%，硫元素占比为 0.05%~8%，此外，石油中还存在微量的铁、镍、钒、铜、钾、钠、钙、氯、碘、磷、砷等，并与碳、氢组成有机化合物。石油的密度一般在 $0.8~1.0\text{g/cm}^3$，可溶于大部分有机溶剂，不溶于水，能与水形成乳浊液。我国大部分原油凝点及蜡含量高、沥青质含量较低，属于偏重的常规原油。

电力系统广泛使用的变压器油、涡轮机油等主要由天然石油炼制而成。石油的化学组成复杂，不同产地或同一产地不同油井开采出来的石油的化学组成不尽相同，因此其物理、化学性质也不相同。

一、石油的组成

根据石油中所含烃类成分不同，石油可分为石蜡基石油、环烷基石油和中间基石油三类。石油中所含的液态烷烃，化学结构复杂，通常与强酸、强碱、氧化剂等都不反应，但随着馏分的升高，液态烷烃的含量减少，含液态烷烃的石油馏分广泛用作生产润滑油及燃料等。环烷烃的化学性质稳定，燃烧性较好、凝点低、润滑性较好，广泛适用于润滑油成分。润滑油中芳香烃具有天然抗氧化剂作用，并能改善变压器油的析气性，但其含量较多，会严重影响油的氧化安定性。烯烃和炔烃化学性质较差，原油中含量极少，主要是在二次加工中产生。石油中含有少量非烃化合物，对设备易产生腐蚀，易降低油品的化学稳定性，其含量越高，油品颜色越深。

烃是石油中最基本的化合物，根据烃类结构可分为烷烃、环烷烃、芳香烃和不饱和烃四类。不同烃类对各种石油产品性质的影响也各不相同。

（一）烷烃

烷烃分子结构中碳原子之间均以单键相互结合，其余价键都被氢原子饱和。烷烃是一种饱和烃，分子通式为 C_nH_{2n+2}。烷烃所含碳原子数为 1~10 时分别以甲、乙、丙、丁、戊、己、庚、辛、壬、癸命名，大于 10 时直接以中文数字表示。在常温常压下，含碳数小于 5 个的为气态，5~15 个的为液态，超过 16 个的为固态。由于烷烃密度小、黏温性好，是润滑油的主要成分。

根据主碳链上是否有支链，烷烃又可以分为直链型（正构烷）和支链型（异构烷）两类，其中异丁烷是最简单的支链型烷烃。由于烷烃碳碳键均以饱和价链接，在常温下其化学性质比较稳定，当温度升高到一定条件时，易分解生成醇、酮、醚等氧化产物。

（二）环烷烃

环烷烃的碳原子之间以单键互相连接成环状，碳原子的其他价键全部与氢原子结合，分子通式为 C_nH_{2n}。

环烷烃具有良好的化学稳定性和热稳定性，燃烧性较好、润滑性好，是润滑油的良好组分。环烷基石油是指环烷烃含量超过 75% 的石油，由于其黏度低、凝固点低、低温流动性好，是炼制绝缘油的最好原料。

（三）芳香烃

芳香烃是一种碳原子为环状联结结构，含有共轭双键的不饱和烃，具有单环、双环、多环等形式，分子通式有 C_nH_{2n-6}、C_nH_{2n-12}、C_nH_{2n-18} 等。

单环芳香烃具有独特的共轭结构，其化学稳定性好于烷烃和环烷烃。多环芳香烃氧化稳定性差，当绝缘油中含有适量的多环芳香烃时，可通过其自身氧化以保护其他烃类化合物。

（四）非烃类化合物

由于地质、环境等条件的差异，不同地区的石油会含有少量的非烃类化合物，如含氧化合物、含硫化合物、含氮化合物等，其含量一般不超过 5%。石油中的含氧化合物主要以有机酸和酚类为主，其中有机酸在高温情况下可以与金属反应造成金属腐蚀，因此在石油提炼过程中应除去。

除上述物质外，石油中还存在着及其微量的金属和非金属元素，这些微量元素往往会影响石油炼制的催化过程，须引起充分重视。

二、石油产品分类

石油产品分类方法繁多，常按用途、含硫量、含蜡量和主要馏分分类。

根据用途分类，一类为燃料，如石油、汽油、煤油和柴油等；另一类为原材料，如润滑油、石油蜡、石油胶等。

GB/T 498—2014《石油产品及润滑剂　分类方法和类别的确定》主要根据石油产品的"应用场合"定义了相关产品的类别及名称。石油产品和有关产品的分类见表 1-2。

表 1-2　石油产品和有关产品的分类

类别	各类别的含义
F	燃料
S	溶剂和化工原料
L	润滑剂、工业润滑油和有关产品
W	蜡
B	沥青

三、油品添加剂

润滑油和燃料等石油产品的使用要求是多种多样的，每种产品一般需要符合十几项甚至几十项质量指标。原油通过各种工艺加工过程得到的产物，即使经过深度精制和馏分调合，也很难完全达到产品标准规定的要求。因此，往往在油品中加入各种类型的添加剂来改善其使用性能。

添加剂的添加量一般是很少的，只占产品量的百分之几，甚至百万分之几，超过该范围也不能明显地提高添加剂的效果，有时甚至产生反作用。

根据应用场合，添加剂可分为润滑剂添加剂、燃料添加剂、复合添加剂和其他添加剂四大类。电力设备用油中常用添加剂有抗氧化剂、防锈剂、破乳化剂等。

目前抗氧化剂中使用最广、效果最好的为 T501 抗氧化剂，广泛应用于绝缘油、透平油中。T501 抗氧化剂是一种白色粉状晶体，学名为 2，6- 二叔丁基对甲酚。T501 抗氧化剂主要是通过中断油品中的链锁反应，以延长油品使用寿命。T501属于第三类抗氧化剂，一般在诱导期添加才有效，在新油和轻度劣化的油品中添加效果较好。国产新油中T501抗氧化剂含量一般为0.3%~0.5%，含量超过1%时抗氧化性已增加不明显，含量过低时使用寿命下降明显，运行油中的T501抗氧化剂含量一般不应低于0.15%。

T746防锈剂具有极强的吸附能力，在油中金属表面可以形成一层致密牢固的保护膜，阻止油品中氧气和水分对金属的腐蚀，因此作为防锈剂被广泛应用于汽轮机油中。T746防锈剂含量一般为0.02%~0.03%，运行中会逐渐消耗，当液相锈蚀试验中钢棒上出现锈斑时应及时添加，补加量一般应控制在0.02%左右。

破乳化剂是汽轮机油中重要的添加剂之一，主要种类有大分子氧化烯烃聚合物、十八醇或丙二醇做引发剂的氧化烯烃聚合物、聚氧化烯烃甘油硬脂肪酸、聚氧乙烯聚氧丙烯甘油硬脂肪酸。随着运行时间加长，破乳化剂会逐渐消失，当破乳化度大于30min应及时补加。

其他常用的添加剂还有抗泡剂、黏度指数改进剂等。

四、石油炼制

石油的组成十分复杂，含有多种烃类及非烃类化合物。其分子结构繁多、物理和化学性质复杂、分子质量区间跨度大，因此开采出来的石油必须经过相应的加工才能满足不同场合使用的质量要求。随着工业技术的发展，石油炼制已由初期的简单蒸馏发展到催化裂化精处理阶段。

从原油炼制出石油产品需要经过多个物理及化学过程，电力设备用油以润滑油为主，其生产工艺主要由原油分离、油品精制、油品调和组成。

（一）原油分离

原油分离是原油加工的第一道工序，其主要是通过原油脱盐脱水、常压蒸馏和减压蒸馏分离出各种下游加工原料。

1. 脱盐脱水

开采出的原油在油田一般已经初步脱盐脱水，但这远不能满足后续加工工艺对于原料的要求。原油所含盐类绝大部分溶于水中，形成油包水型乳化液，仅有一小部分悬浮于油中。原油中含有的盐类容易沉积在石油炼制装置的加热管道中，形成盐垢，增加能源消耗，此外部分盐类还会造成设备的腐蚀，导致管道穿孔、漏油引起安全事故。同时盐类的存在容易引起后续催化精制阶段的催化剂中毒，降低催化效率。目前，我国对于作为下游精加工原料的原油一般要求含盐量小于 3.0mg/L。

当前石油炼制行业一般经过两级电脱盐设施达到脱水脱盐过程。其基本原理是在原油进入第二级电脱盐设施之前注入 5%~8% 的新鲜水，经充分混合，以溶解残留在原油中的盐类，同时稀释原有盐水，形成新的乳化液。然后在破乳化剂和高压电场作用下，使微小水滴逐步聚集成较大水滴，利用重力沉降将其从油中分离，实现脱盐脱水目的。

2. 蒸馏

蒸馏的目的是调整成品油的黏度和闪点。蒸馏工艺分为常压蒸馏和减压蒸馏。通常所说的原油一次加工就是指原油蒸馏过程，按照所制定的产品方案将原油分离出汽油、煤油及各种润滑油馏分等。经一次加工后的馏分，一部分经适当的调和以产品油形式出厂；其余部分作为后续产品油二次加工的原料，如催化裂化原料、加氢裂化原料，进一步改善石油产品质量并提高轻质油的产率。

（1）常压蒸馏。原油是一种多烃的混合物，其组成成分的沸点相差不大，使原油中各组分完全分离十分困难。但是对于原油加工一般不需要进行完全分离，通常在蒸馏塔内通过控制温度，根据产品要求按沸点范围分离出轻重不同的馏分。经脱水脱盐预处理后的原油经加热后送入初馏塔，蒸馏出大部分轻汽油。初馏塔底的原油加热到 360~370℃，进入常压蒸馏塔。油中沸点较低的组分气化后迅速上升，直达塔顶。塔体高度很高，塔体内的温度自下而上逐渐降低，因此气化后的烃类气体在上升过程中被逐渐冷却，实现不同馏分油的分离。通过常压蒸馏获得的馏分油为轻质油。

（2）减压蒸馏。经常压蒸馏后残留在塔底的原油由于沸点较高，在常压塔下只能通过继续加热提高油温实现分离。但是在高温下该部分馏分油可能发生裂解，破坏原有组织结构，只能在较低温度和压力下通过减压蒸馏获得。由于油品的沸点随着压力减小而降低，因此通过抽真空使蒸馏塔压力降低，高沸点的馏分就会在较低温度下汽化，以避免高沸点馏分的分解。润滑油一般都是由减压蒸馏分离出的馏分经后续加工制得的。

（二）油品精制

经减压蒸馏制得的馏分油仍然含有部分非烃化合物，非烃化合物的存在会导致油品酸值升高、颜色加深，在满足工业使用前需要经过进一步的精制处理除去半成品油中的杂质和非理想成分。

目前常用的精制方法有酸碱精制、溶剂精制、吸附精制、脱蜡精制和催化加氢精制等。

在特定的精制条件下，浓硫酸对油品起着化学试剂、溶剂和催化剂的作用。浓硫酸可以与油品中的部分烃类（主要为异构烷烃、芳香烃和烯烃）和非烃类化合物发生反应，而且对其中烃类和非烃类化合物起着一定的溶解作用。

1.酸碱精制

酸精制是将硫酸与燃料油充分混合、沉降之后上层分出精制后的油品，下层为与硫酸反应后的杂质。通过酸精制后的油品可以很好地除去胶质、碱性氮化物、环烷酸及硫化物等非烃类化合物，但由于酸精制时也会除去一部分良好的组分，如异构烷和芳香烃等，因此要严格控制硫酸的浓度、温度及反应时间等。

碱精制是指用10%~30%的氢氧化钠溶液与油品混合，碱液只与油品中的酸性非烃类化合物反应，生成盐类，这些盐类大部分可以溶于碱液而从油品中除去。因此碱精制主要除去油品中的含氧化合物、部分含硫化合物及酸洗后的残余产物，碱精制常与酸精制联合使用。

2. 溶剂精制

利用某些极性有机溶剂对馏分中不理想组分的高溶解度，选择性地除去油品中的不理想组分，使油品性质得到改善。溶剂精制一般使用糠醛或 N-甲基-2 砒咯烷酮，除去不理想的组分。如利用糠醛降低润滑油中的芳香烃含量，改善润滑油的氧化安定性。溶剂精制的主要缺点是溶剂萃取不能完全除去所有馏分油中的非理想组分，去除率一般为杂质（芳香烃、极性物质、含硫及含氮化合物）的 50%~80%。

溶剂脱蜡是利用在低温下对油溶解能力很大，而对蜡溶解能力很小，且本身低温黏度很小的溶剂作为稀释原料，使蜡结成较大晶粒，用结晶和过滤的方法脱除蜡，达到期望的倾点。传统工艺常采用的溶剂有甲基乙基酮等。

3. 吸附精制

白土精制是吸附精制最常用的一种。经酸碱精制、溶剂精制后的某些油品中还残留有大量胶质、沥青质、环烷酸、酸碱渣，以及氧、硫、氮化合物等极性物质，这些极性物质极易被活性白土吸附而除掉。同时，油品中影响色度的物质和光安定性很差的物质也被除掉，改善了油品的色度。在白土精制条件下，活性白土对胶质和沥青质有很好的吸附作用，胶质和沥青质的分子量越大越容易被吸附。活性白土对油中杂质的吸附能力从大至小依次是胶质、沥青质、芳香烃、环烷烃、烷烃。

一般来说，白土精制脱氮能力较强，但其脱硫能力较差，精制油凝点回升较小。

4. 催化裂化

催化裂化是重要的重油轻质化过程之一，它是在 500℃ 左右情况下将重质馏分油与裂化催化剂接触，经裂化反应生成气体、汽油、柴油及重质油等原料。催化裂化工艺一般由反应—再生系统、分馏系统和吸收—稳定系统三部分组成。

烷烃在催化裂化条件下发生分解反应,分解成小分子的烷烃和烯烃,生成的烷烃又可以继续分解成更小的分子。烯烃的分解反应速率比烷烃要快很多,除了分解反应,烯烃还会发生异构化反应、氢转移反应和芳构化反应。环烷烃可断裂成烯烃,继而进行烯烃的相关反应。芳香烃的裂化反应速率很低,在催化裂化条件下芳香烃主要是缩合成稠环芳烃,最后生成焦炭。

5. 催化加氢

催化加氢是指石油馏分在氢气存在条件下进行催化加工的过程。催化加氢可以有效提高原油加工深度,改善石油产品质量,提高轻质油产出率。目前常用的催化加氢工艺主要有加氢精制和加氢裂化两大类。加氢精制主要用于油品精制,其目的是除掉油品中的硫、氮、氧杂原子及金属杂质,有时还对部分芳烃进行加氢,改善油品的性能。加氢精制原料主要有重整原料、汽油、煤油、各种中间馏分油、重油及油渣。加氢裂化是指在较高压力下,烃分子与氢气在催化剂表面进行裂解和加氢反应生成小分子的转化过程。润滑油加氢使润滑油的组分发生加氢精制和加氢裂化反应,使一些非理想组分结构发生变化,以达到脱除杂原子、使部分芳烃饱和并改善润滑油使用性能的目的。

加氢精制也广泛应用于润滑油等油品的加工过程。加氢精制普遍采用缓和条件下加氢,可以将油品中的残余溶剂、部分硫化物、氧化物和少量氮化物去除,能够有效改善油品中的中和值、残碳、气味,但是其对脱碱性氮化物效果较差,其精制油氧化安定性难以达到基础油标准要求。

(三)油品调合

油品调合是用不同质量的油品,选择适当比例进行掺合,使调合产品达到规格要求。油品调合的设备及操作比较简单,而且调和过程中油品几乎没有损失，因此生产上将半成品加工成为成品时，首先应该选用调合的方法。只有当半成品的性质与规格要求相差很远，采用调合方法已不能解决问题时才用精制方法。

调合油品的性质与各组分性质有关。调合油品的性质如果等于各组分的性质按比例的加和值，则称这种调合为线性调合，反之则称非线性调合。对于大多数油品的调合而言都属于非线性调合。常用的调合方法主要有两种，一种是油罐调合，另一种是管道调合。油罐调合时一般采用泵循环和机械搅拌方式进行。泵循环调合法是先将组分油和添加剂加入罐中，用泵抽出部分油品再循环回罐内。进罐时通过装在罐内的喷嘴高速喷出，促使油品混合。此法适用于混合量大，混合比例变化范围大和中、低黏度油品的调合。

机械搅拌调合法是通过搅拌器的转动，带动罐内油品运动，使其混合均匀。该方法主要用于小批量油品的调合，如润滑油成品油的调合。搅拌器可以安装在罐的侧壁，也可以从灌顶中央伸入。后者主要适用于量小但质量和配比要求又十分严格的特种油品的调合，如调制特种润滑油、配制稀释添加剂的基础液等。

第四节　电力用油分类及性能

电力设备用油按照电力行业的主要设备分类，可分为绝缘油、涡轮机油、抗燃油和齿轮油。

一、绝缘油简介

绝缘油是电力系统中重要的绝缘介质，具有绝缘、散热冷却和灭弧的作用，主要应用于电气设备，包括变压器、电抗器、互感器、套管、断路器和油浸开关等。下面以变压器为代表介绍绝缘油。

（一）变压器基本原理

变压器依靠电磁感应作用，将电压、电流的交流电能转换成同频率的另一种电压、电流的能量。一台简单的单相双绕组变压器，由在一个闭合的铁心上绕两个匝数不同的绕组组成（见图 1-1）。输入电能的绕组称为一次绕组，跟电源连接。输出电能的绕组称为二次绕组，跟负载连接。其工作原理为当一次绕组接电源时，交流电流流过，在铁心中产生交变磁通，其同时交链二次绕组，感生同频率的交变电动势。由于感应电动势与绕组匝数成正比，故改变二次绕组的匝数可形成不同的二次电压。

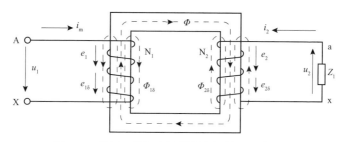

图 1-1　单相双绕组变压器基本部件及工作原理

（二）变压器基本结构及作用

变压器的基本结构由铁心、一次绕组、二次绕组及绝缘系统组成（见图 1-2），此外还包括油箱、调压装置、冷却装置和保护装置等。

铁心是变压器的主磁路，具有磁路作用；绕组是变压器的电路部分，起电路作用；绝缘系统主要包括变压器油，具有绝缘、冷却和灭弧作用。

油箱（见图 1-3）为钢制结构，其作用一方面为铁心和绕组提供机械保护，另一方面作为冷却和绝缘功能的变压器油的容器；有载调压开关是用来改变绕组匝数、调整电压的装置；冷却装置是使油循环冷却，主要有风冷和水冷两种类型，目前采用风冷较多，可降低变压器铁心和绕组运行时产生的热量；绝缘套管由中心导电杆和瓷套组成，1kV 以下采用实心瓷质套管，10kV 及以上采用空心充气或充油套管。

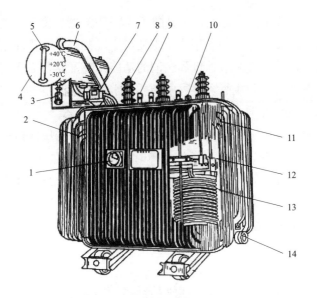

图 1-2 变压器结构

1—信号式温度计；2—铭牌；3—吸湿器；4—储油柜；5—油表；6—防爆筒；

7—气体继电器；8—高压套管；9—低压套管；10—分接开关；11—油箱；

12—铁心；13—绕组及绝缘；14—放油阀门

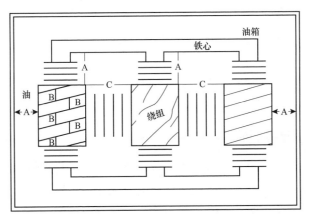

图 1-3 油箱内部结构

A—主绝缘；B—匝间绝缘；C—相间绝缘

保护装置主要有储油柜（见图 1-4）、吸湿器、安全气道、气体继电器和温度计等。储油柜能减少油与空气接触，防止油箱内部受潮和氧化，且具有调节油量和注油的功能。吸湿器是变压器油受热膨胀的透气口，防止吸入空气中杂质和水分，过滤空气。安全气道在设备发生故障时，能及时释放内部产生的气体，调节内部压力，避免压力过高。气体继电器又称瓦斯继电器，是变压器运行的重要保护装置。当变压器内部发生故障时，绝缘油受热气化产生气体，气体上升聚集在气体继电器的顶部，使油面下降，当下降到一定程度时，继电器上部浮子接通电路，发出报警信号。温度计主要用于监视变压器运行温度，一般变压器温升不超过 60℃。

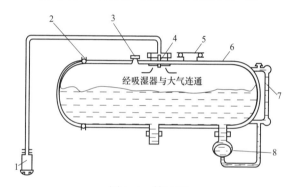

图 1-4　储油柜

1—吸湿器；2—胶囊；3—放气塞；4—胶囊压板；5—安装手孔；

6—储油柜本体；7—油位计；8—油位计胶囊

（三）绝缘油的基本特性及作用

绝缘油通常具有三大特性，包括化学特性、物理特性、电气特性，这些基本特性决定了绝缘油具有五大作用，即绝缘、冷却、灭弧、信息载体和保护功能。

1. 化学特性

（1）酸值。酸值是绝缘油最重要的老化指标之一，反应油质的氧化程度。通常酸值增长较为缓慢，若酸值增长较快，则油品发生氧化反应剧烈，产生较多酸性产物，加快金属设备的腐蚀，降低绝缘系统的寿命。一旦酸值超标，应及时调查原因，增加试验次数，使用吸附剂再生，同时测定抗氧化剂含量，并适当补加。

（2）氧化安定性。油品的氧化安定性是其最重要的化学性能之一，其能估计油品使用寿命。绝缘油在使用过程中与空气中的氧接触，发生氧化反应，降低油品的抗氧化能力。油品的氧化安定性与油品的化学组成、温度、氧气含量、催化剂、油的精制深度、电场、水分及固体绝缘材料有密切关联。油品氧化安定性越好，其酸值、油泥产生量越小，对油设备危害越小。

2. 物理特性

（1）黏度。绝缘油一般只检测新油的黏度。黏度是油流动性能的指标，较低的黏度有利于绝缘油的散热冷却功能。

（2）密度。绝缘油的密度一般为 0.8~0.9g/cm^3，随温度降低而增大。油品的密度与温度有关，不同温度下，密度会变化，油品在加热升温时，体积膨胀，密度减小。

（3）倾点。倾点是在规定条件下冷却，油品仍能流动的最低油温。油品倾点表示石油产品低温流动性能的指标，低倾点的绝缘油能保证在高纬度高寒地区仍进行循环，保证绝缘和散热的作用。

（4）闪点。闪点是油品安全性指标，指在规定试验条件下，试验火焰引起试样蒸汽着火，并使火焰蔓延至液体表面，修正到 101.3kPa 大气压下的最低温度。闪点越高，挥发性越小，安全性越好。油品的闪点可以间接判断油品馏分组成的轻重，一般油品馏分组成越轻，蒸气压越高，油品闪点越低。

（5）界面张力。绝缘油的界面张力是指测定油与不相溶的水的界面产生的张力，常用单位为 mN/m。界面张力的测定有三种方法：滴重法、气泡或液滴最大压力法和圆环法。电力行业普遍使用圆环法。

3. 电气性能

（1）体积电阻率。在恒定电压作用下，介质传导电流的能力称为电导率。绝缘油的电导率是表示在一定电压下，油在两电极间传导电流的能力。电导率的倒数则称为电阻率。

绝缘油的体积电阻率表示两电极之间单位体积绝缘油内电阻的大小，是判断电气设备绝缘特性的重要指标之一，此外该指标还能反映出绝缘油的老化和受污染程度。一般情况下，绝缘油的体积电阻率越高，油品介质损耗因数越小，击穿电压越高。

（2）介质损耗因数。介质损耗因数是评定绝缘油电气性能的一项重要指标，对判断电气设备绝缘特性的好坏有重要意义，反映了油在运行中的老化程度和受污染程度。通常情况下，新油的极性杂质含量较少，其介质损耗因数也很小，一般在 0.0001~0.001 之间。介质损耗因数在测定过程中，受水分、温度、氧化物和施加电压等因素影响。

（3）击穿电压。击穿电压是衡量绝缘油在电气设备内部耐受电压能力的尺度，反映了油中是否存在水分、杂质和导电微粒及其对绝缘油影响的严重程度，可以检验注入设备前油品干燥和过滤程度。

（4）析气性。绝缘油在电场作用下的析气性是指油品在高电场作用下，烃分子发生物理、化学变化时，吸收气体或放出气体的特性。吸收气体以（-）表示，放出气体以（+）表示。

（5）带电度。带电度是指油在变压器内流动时，与固体绝缘表面摩擦会产生电荷，通常用来表征其产生电荷的能力。影响带电度的因素主要有：绝缘油的流动速度、油温、固体绝缘材料的表面和绝缘油的带电性等。

二、涡轮机油简介

涡轮机是蒸汽轮机、水轮机、燃气轮机和联合循环机组等不同类型系统的总称。涡轮机油亦称为汽轮机油或透平油，通常用于汽轮发电机组的润滑和调速系统，起润滑、液压调速和冷却作用。

（一）涡轮机油的作用原理

在汽轮机组的滑动轴承中，涡轮机油充满于轴颈和轴瓦之间，形成油膜，具有润滑作用；涡轮机油循环系统经过冷油器带走轴承高速运转产生的热量，对机组起到冷却作用；运行的涡轮机油作为一种液压工作介质时，能够传递压力，通过调速系统对汽轮机的运行起到调速的作用。

目前运行的发电机组中，几乎均采用独立的润滑系统。汽轮机油润滑系统示意图如图 1-5 所示。发电机组润滑系统的作用主要是及时向机组转动部件间提供具有一定黏度的合格润滑油，以降低机组轴颈与轴瓦之间的摩擦，减少摩擦损耗，并从载荷区带走摩擦热及磨损颗粒。

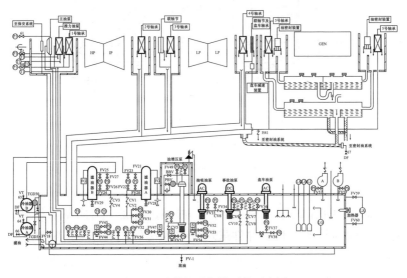

图 1-5　汽轮机油润滑系统示意图

（二）汽轮机油系统结构

下面以汽轮机油系统为例进行讲解。汽轮机油系统主要包括油泵、油箱、抽气器、管道、冷油器和油处理设备。

1. 油泵

油泵是把油箱中的油输送到轴承、轴封和控制装置，对油进行驱动强迫循环的动力装置。机组在启动、盘车、全速运行和停车时，油泵必须向每个轴承及动力阀门供应足够的油量和油压。

2. 油箱

油箱对油品性能有着重要影响，是在机组运行时提供润滑油和停机后储存润滑油的装置。其一方面有储存系统全部用油的作用，另一方面具有分离油中空气、水分和各种杂质的功能。油箱典型结构示意如图 1-6 所示。

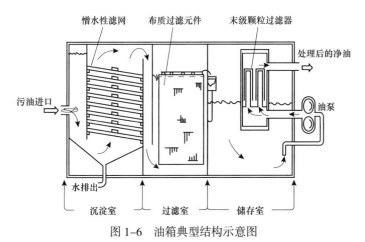

图 1-6　油箱典型结构示意图

3. 管道

涡轮机油管道须严密、承压、可靠，需能承受住振动和热膨胀，其除与设备和特殊部件采用法兰连接外，全部采用焊接方式"一次性组装法"安装。

4. 冷油器

冷油器是用来散发油在循环中所获得的热量、降低润滑油运行油温。一般情况下，两台冷油器并联，一用一备。冷油器的冷却水在管内流动，管子有可能被污染或堵塞，需定期清理。

（三）涡轮机油基本特性和作用

涡轮机油的质量直接影响机组的安全运行，因此需要其具有良好的抗氧化安定性、良好的润滑性、良好的抗乳化性、良好的防锈性和良好的抗泡沫性。

1. 颜色和透明度

颜色直接反映了新油加工精制的深度。新油油品颜色越深，说明其不稳定、不良组分杂质化合物的含量越高，油品加工精制的深度越低。

颜色的变化还能反映运行中油品老化、裂化和受污染的程度。一般情况下，随着运行时间的延长，油品中少量不稳定组分逐渐被氧化，导致油品颜色逐渐加深。

透明度是油品受污染程度的外观指标，未受污染或污染程度较低的油品，外观清澈、透明；受污染的油品，外观混浊不清。

2. 密度

密度是单位体积物质的质量，单位为 kg/m^3 或 g/cm^3，通常在 20℃下测定其密度，并规定为标准密度。同一油品，密度与温度有关，温度越高，则密度越小；温度越低，密度越大。

3. 黏度

黏度是表征涡轮机润滑性能的指标，反映油品内摩擦力。黏度越大，油品流动性越差。润滑油在使用过程中，黏度随温度变化越小越好，即在温度变化较大的情况下，油品的黏度能满足润滑要求。

4. 酸值

酸值表示石油产品中含有酸性物质。运行中油的酸值受精制程度和环境条件影响逐渐老化、劣化。油品使用中温度过高、存在催化剂、与氧气接触面积大等都能加速油品的氧化，促使酸值升高。通常运行时宜降低油品运行温度，尽可能减少与空气接触的面积和时间，延长油品使用寿命。

5. 破乳化度

破乳化度是表征涡轮机油抵抗油水乳浊液形成能力的重要指标，油水分层越快，油品抗乳化性能越好。乳浊液进入涡轮机润滑系统，沉积于循环系统中，将危害设备运行。

6. 液相锈蚀

液相锈蚀反映了油品中由于老化、劣化等产生的酸性物质对设备材料的腐蚀性。为防止涡轮机油对设备的腐蚀，一方面需要对油设备采取防腐措施，另一方面需要对油品添加防锈剂。

7. 泡沫特性与空气释放值

泡沫特性是评定涡轮机油生成泡沫的倾向及其稳定性的一项指标。油品起泡危害较大，泡沫存在时容易造成油动机气蚀，使供油不畅，摩擦增大，能耗增加，甚至损坏部件。泡沫在油箱的积累，易使油品大量溢出。通常油品的泡沫特性良好，则空气释放性能差；反之，泡沫性能差，则空气释放性能好。

8. 氧化安定性

油品的氧化劣化速度取决于油品的抗氧化能力。油温及金属、空气、水分、颗粒等杂质的存在都对油品的氧化具有催化作用。油品氧化会产生大量的酸性物质和不溶性油泥，从而造成设备精密部件的卡涩和系统的局部腐蚀，影响设备的润滑、调速和传热性能。涡轮机油必须具备良好的抗氧化安定性，保证油品在恶劣条件下安全使用。

三、抗燃油简介

为了适应高压机组蒸汽参数的变化，改善涡轮机液压调节系统，需要提高液压调节系统工作介质的额定压力，但是这样会增大介质泄漏的可能性。传统的润滑油介质，其自燃点温度仅350℃，在运行过程中，油品一旦泄漏至主蒸汽管道或阀门等部位就会自燃。因此，为有效防止潜在的火灾隐患，电力系统在发电机组的液压调节系统上大多采用合成抗燃液压介质，即抗燃油。

（一）抗燃油的作用原理

抗燃油是合成的非矿物油，其自燃点高于石油基矿物油，通常具有合适的黏度和良好的黏温特性、良好的抗氧化性、防腐蚀性能、抗乳化性、抗磨性、抗泡性和空气释放性、水解安定性等。

磷酸酯抗燃油由于磷酸分子中的"—OH"上的氢被"—R"有机基团取代，其特性也随着取代基而改变。通常电力行业所用的三芳基磷酸酯具有较好的热稳定性。

（二）抗燃油系统结构

抗燃油系统一般包括油箱、油泵、过滤器、蓄压器、冷油器和管道、阀门，具体如图 1-7 所示。

（1）油箱：为系统提供稳定油源，接收、净化工作回油。

（2）油泵：为系统提供高压油流。

（3）过滤器：进一步滤除油中颗粒杂质。

（4）蓄压器：稳定工作油的工作压力。

（5）冷油器：交换油中热量，降低油温。

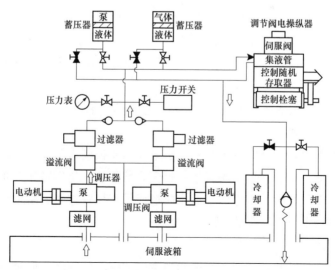

图 1-7 抗燃油供应系统

（三）抗燃油基本特性和作用

新磷酸酯抗燃油一般为淡黄色或无色，随着运行时间延长，油质劣化，颜色逐渐加深，因此需要关注抗燃油的水分、酸值、闪点、自燃点、氯含量、体积电阻率、泡沫特性、空气释放值、氧化安定性以及矿物油含量等。

1. 水分

水分对磷酸酯抗燃油的影响较大，会导致油品水解劣化，引起酸值超标，润滑性能下降，严重时会引起系统腐蚀。

2. 酸值

磷酸酯抗燃油中酸值含量越高，表明油品老化或水解越严重，且油品中的酸性物质会进一步促进油品老化。当酸值超标时，需及时进行再生滤油。

3. 自燃点

自燃点是抗燃油特有的检测项目，一般在运行过程中，变化较小，当油品被矿物油等污染后会造成自燃点下降。

4. 氯含量

氯具有较强的腐蚀性，磷酸酯抗燃油中氯含量过高，会导致伺服阀等系统部件产生腐蚀，严重时会损坏密封材料。一旦氯含量超标，需及时确定超标原因。通常磷酸酯抗燃油中的氯主要是因合成抗燃油工艺不当，由新油带来的。另外，抗燃油系统清洗工艺不当，如用盐酸等含氯溶剂清洗，也会造成运行油中的含氯量增加。

5. 电阻率

电阻率是磷酸酯抗燃油的一项重要油质控制指标，油品运行时电阻率低，会引起伺服阀阀芯、阀套等部位发生化学腐蚀。通常电阻率降低的原因，一方面是油变质造成的，另一方面是油品受到污染，包括水分、氯含量、颗粒污染等。

6. 泡沫特性和空气释放值

泡沫特性是评价磷酸酯抗燃油中形成泡沫的倾向及形成泡沫的

稳定性。运行时泡沫随油进入油系统将会影响油系统的稳定性，加速油质劣化，过量的泡沫会从油箱溢出引起跑油。空气释放值是指油中夹带的空气逸出的能力，油品夹带空气能力越强，对系统安全影响越大。一旦油品被矿物油污染、引入含有钙镁离子化合物或者油品老化，则抗燃油的抗燃性、空气释放性能及泡沫特性均会下降。

7. 安定性

抗燃油氧化安定性取决于基础油的成分、合成工艺、添加剂等，决定着油品使用寿命。水解安定性表示磷酸酯抗燃油的抗水解能力。磷酸酯是一种合成液，有较强的极性，在空气中容易吸潮，与水作用发生水解，水解产生的酸性物质对油的进一步水解产生催化作用，完全水解后生成磷酸和酚类物质。

四、齿轮油简介

中国是世界新能源发展最快的国家。新能源已经成为新时代中国闪亮的名片，特别是风力发电。风力发电是把风的动能转化为电能，属于清洁无公害的可再生能源。由于风力发电机齿轮油的特殊运行环境及功能特点，齿轮润滑对油的抗磨性能要求很高。齿轮油是一种较高黏度的润滑油。

（一）齿轮油的作用

（1）降低齿轮及其他运动部件的磨损，延长齿轮寿命。
（2）降低摩擦，减少功率损失。
（3）分散热量，起一定的冷却作用。
（4）防止腐蚀和生锈。
（5）降低工业噪声、减少振动及齿轮间的冲击作用。
（6）冲洗污物，特别是冲去齿面间污物，减轻磨损。

（二）齿轮油系统结构

风机齿轮油通常应用于齿轮箱。齿轮箱是风力发电机的重要组

成部分，在风力发电中应用着多种类型
的齿轮，主要有风力机增速齿轮、偏航
驱动电机齿轮、变桨驱动电机齿轮三
种。风力发电机中的齿轮箱指的是主轴
增速齿轮箱，它是风力发电机主轴传动
中的主要部件，大多数风力机采用齿
轮箱增速。风力发电机齿轮箱如图1-8
所示。

图1-8　风力发电机齿轮箱

（三）齿轮油基本特性及作用

风力发电机中齿轮箱在正常运行期间，齿轮油需定期检测颗粒
污染度、水分、运动黏度、酸值、泡沫特性、液相锈蚀、旋转氧
弹、极压性能和光谱分析等。

1. 颗粒污染度

颗粒污染度对齿轮油具有重要意义，由于齿轮油运行条件相对
恶劣，其被机械杂质污染，会出现精密过滤器失效或油系统部件
磨损。

2. 水分

油设备由于密封不严、潮气进入等引起水分超标，易造成设备
腐蚀，此时应更换呼吸器的干燥剂或进行脱水处理。

3. 运动黏度

运动黏度上升主要由以下原因引起：齿轮箱持续高温运行，冷
却不良，油品长期高温运行发生氧化；油品使用时间过长，轻组分
过快蒸发，抗氧化剂损耗过快；油中过量水分污染，使油品乳化；
杂质污染等。

4. 酸值

风机齿轮油系统脏污、潮湿、杂质多、抗氧化剂消耗大或油品
污染、老化，会导致酸值上升。

5. 泡沫特性

齿轮油中通常加入抗泡剂，当抗泡剂被机械性脱除或油品被污染，泡沫特性会增大，加大油膜形成的难度，增大磨损，造成抗泡沫性能下降。

6. 光谱分析

光谱分析是齿轮油重要的分析项目。当齿轮异常磨损，会造成齿面点蚀、胶合，铁、铬、钴含量会上升；当冷却水污染齿轮油，会使齿轮润滑不良，加速齿轮的腐蚀和锈蚀，此时钠、钒、硼元素含量会上升。因此，光谱分析是判断齿轮故障有效手段之一。

五、六氟化硫简介

矿物绝缘油是电气设备的传统绝缘介质，其既是绝缘介质，又是冷却介质。但绝缘油易燃，当电气设备发生损坏、短路，出现电弧时，电弧高温可将绝缘油引燃，因此采用六氟化硫。SF_6 不仅具有不燃的特性，还具有良好的绝缘性能和灭弧性能。SF_6 气体在高压断路器、变压器、高压电缆、粒子加速器和超高频等系统领域中均有应用。

（一）SF_6 理化性质及电气性能

1. 理化性质

SF_6 由 F 和 S 结合而成，构成一个正八面体，无色、无味、无毒、不燃，微溶于水，不溶于盐酸和氨，在较低的游离温度下具有高导热性，是优良的冷却介质。

SF_6 的化学性质非常稳定，在空气中不燃烧也不助燃，其惰性与氮气相似，不仅不与水作用，也不与氢、氧及其他化学物质等活性物质作用，但一些金属的存在会使 SF_6 的稳定性大大降低。超过 150℃ 时，SF_6 与硅钢缓慢作用形成硫化物和氟化物，200℃ 以上，SF_6 与铬和铜作用发生轻微分解。

2. 电气性能

SF_6 具有绝缘强度高、灭弧性能好等优良的电气性能。

SF_6 分子中含氟量高，电负性较大，是一种高绝缘强度的电介质，在均匀电场下 SF_6 绝缘气体的绝缘强度为同一气压下空气的 2.5~3 倍。但电场分布的均匀程度、电极表面粗糙度、电弧分解物及水分都会影响 SF_6 绝缘气体与固体表面的击穿电压。

SF_6 作为良好的灭弧介质，具有良好的导热性，能快速冷却电弧。首先 SF_6 具有较强的电负性，能吸附电子；其次具有良好的热化学性能，冷却散热效果好，可有效的降低电弧温度，有利于灭弧。

（二）SF_6 电气设备

SF_6 电气设备通常有断路器、互感器、全封闭组合电器（GIS）、绝缘变压器、绝缘电力电缆。

1. SF_6 断路器

SF_6 断路器是电力系统中的重要保护和控制元件，是用 SF_6 气体作为绝缘和灭弧介质，用以切断额定电流和故障电流，转换线路，实现对高压输电线路和电气设备的控制和保护。

SF_6 断路器与传统充油断路器和空气断路器相比，开断和绝缘能力强且结构简单紧凑，安装维修方便。SF_6 断路器按整体结构可分为瓷瓶支柱式和落地箱式两种，如图 1-9 和图 1-10 所示。

2. SF_6 互感器

SF_6 互感器主要分为电压互感器和电流互感器两种。SF_6 互感器具有维护工作小，检修周期长，抗振性能优良的特点。由于互感器电场均匀，SF_6 气体的绝缘性能可完全满足互感器绝缘的要求。SF_6 气体可压缩，在发生内部故障时，其压力缓慢增加，且设备顶部设有压力释放装置，故不会发生爆炸和火灾。

3. SF_6 全封闭组合电器

SF_6 全封闭组合电器也可称为 SF_6 气体绝缘变电站，是将除变

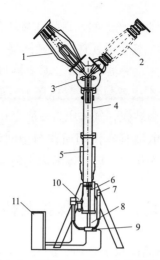

图1-9　瓷瓶支柱式SF$_6$气体断路器

1—灭弧室；2—均压并联电容；3—三联箱；4—支持瓷套；

5—绝缘拉杆；6—连接座；7—主储压器；8—工作缸；

9—供排油阀；10—密度继电器；11—液压机构箱

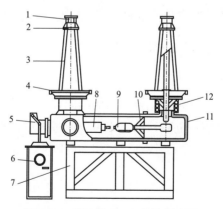

图1-10　落地箱式SF$_6$气体断路器

1—接线端子；2—均压环；3—套管；4—均压环；5—分合闸拉杆；

6—操动机构箱；7—底架；8—动触头；9—静触头；10—支持绝缘子；

11—缸体；12—电流互感器

压器以外的一次设备组合在一起，封闭在接地金属壳内，以 SF_6 气体为绝缘介质的电器。其组成元件包括断路器、隔离开关、接地开关、电流互感器、电压互感器、母线、避雷器和电缆等。

断路器气室中设有灭弧装置，气体压力一般为 0.5~0.6MPa。其他元件的气室没有灭弧装置，气体压力一般为 0.25~0.4MPa。

SF_6 全封闭组合电器具有占用面积与空间体积小、安装方便、运行可靠、便于维修等优点，已经逐渐运用到各电力系统。

第五节 安全保护与预防

实验室是检测油品的重要场所，因其具有特定的环境、设备、危险化学品及油品，存在较多的安全隐患。如采用电热板加热可能造成烫伤或烧伤；接触危险化学药品容易造成化学灼伤、中毒等，这些直接影响到实验室工作人员的安全。因此，熟悉油品及危险化学品的特性，了解防火、防爆、防中毒、防烫伤和防触电等安全知识，以杜绝事故的发生是非常必要的。

一、油产品的危险性表现

1.易燃性

石油产品一般是碳氢化合物组成的混合物，遇火或受热很容易发生燃烧。油品燃烧危险性的大小可以通过闪点、燃点和自燃点判断。石油产品中，汽油、煤油、轻柴油的闪点一般较低，遇到火源很容易发生燃烧。

2.易挥发性

石油产品，尤其是汽油的挥发性很大，常温下很容易挥发。在通风不良的有限空间内，如果发生设备泄露或者跑冒油事故时，形成爆炸性混合气体的几率很高，燃爆的危险性很大。

3.易爆性

石油产品的爆炸极限的下限一般都很低，加之油品一般具有易挥发性，因此，油品蒸汽很容易达到爆炸极限，汽油的体积浓度爆炸极限为 1.4%~7.6%。在通风不良的有限空间，如果发生设备泄漏或者跑冒油事故时，混合气体很容易达到爆炸极限范围，当遇到火源时，容易发生爆炸事故。

4. 最小点燃能量低

石油蒸汽的最小点燃能量一般很低，例如汽油蒸汽的最小点燃能量仅为 0.1~0.2mJ，一根针从 1m 高度掉落在水泥地面产生的冲击能量，足以点燃汽油蒸汽。

5. 静电集聚性

石油产品的电阻率很高，一般在 1×10^{7}~$1 \times 10^{13} \Omega \cdot m$ 之间，因此，石油产品的静电积聚能力很大。石油产品在输送、装卸、运输作业过程中，由于流动摩擦、冲击、过滤等原因，都会产生大量的静电，静电积聚到一定量时，会形成静电放电，当放电火花能量超过油品蒸汽的最小点燃能量时，会引起燃烧或爆炸。

6. 生物毒性

油品因其化学结构、蒸发速度、所含添加剂性质和加入量不同等而具有一定的毒性。基础油中的芳香烃、环烷烃毒性较大。油品中加入的各种添加剂，如抗爆剂（四乙基铅）、防锈剂、抗腐剂等都有较大的毒性。尤其是一些地下油库，长时间没能通风，当工作人员进入库内工作时，这些有毒物质通过呼吸道、消化道和皮肤侵入人体造成头晕、恶心、嘴唇哆嗦、浑身无力，严重的可造成昏迷。

7. 易变质性

油品与空气、水分、金属等介质接触时容易发生化学反应，使油品变质，影响油品使用。两种不同类油品相混甚至不同牌号的同类油品相混时，也会发生化学反应，使油品变质。

二、石油产品的储存、运输安全规定

针对上述石油产品的危险性表现特征，在石油产品的储存、运输时应注意以下方面。

（一）防火和防爆

（1）控制可燃物。杜绝储油容器溢油，对在装卸油品操作中发生的跑、冒、滴、漏，应及时清除处理。

（2）做好明火管理。油库明火管理的范围包括：电焊、气焊、铅锡焊等；电炉、火炉、喷灯和液化气炉，按规定配备消防器材，做到使用方便。

（3）防止电火花引起燃烧和爆炸。油库及一切作业场所使用的各种电气设备，都必须是防爆型的，安装要符合安全要求，电线不可有破皮、露线及短路现象。油库上空严禁高压电线跨越。储油区和桶装轻质油库房与电线的距离必须大于电杆长度的1.5倍以上。

（4）防止金属摩擦产生火花引起燃烧和爆炸。严格执行出入库和作业区的有关规定，禁止穿钉子鞋或带铁掌鞋进入油库，更不能攀登油罐、油罐车和踩踏油桶。不得用铁质工具击打储油容器的盖。开启储油容器的盖时，应使用铜扳手或碰撞时不会发生火花的合金扳手。在库房内避免金属容器互相碰撞，更不准在水泥地面上滚动无垫圈的油桶。在接卸作业中，要避免接卸鹤管在插入和拔出油罐及油罐车时发生碰撞。凡有油气存在的地方，都不得碰击铁质金属。

（5）防止油蒸气积聚引起燃烧和爆炸。未经洗刷的油桶、油罐、油箱及其他储油容器，严禁修焊；洗刷后的各种容器在焊前应打开盖口通风；库房内储存的桶装轻质油品，要经常检查，发现渗漏及时换装。桶装轻质油的库房和收发间应保持空气流动；地下油罐区内，严禁油品渗漏，要安装通风设备，保持通风良好，避免油气聚积。

（二）防静电

1. 油库中静电的产生及因素

油品在收发、输转、罐装过程中，油分子之间和油品与其他物质之间会产生静电，电压随摩擦的加剧而增大，如不及时导除，当电压增高达到一定的程度时，就会在两带电体之间跳火（即静电放电）而引起油品着火爆炸。

静电电压越高越容易放电。电压的高低或静电电压量大小与下列因素有关：罐油流速越快，摩擦越剧烈，产生静电电压越高；空气干燥，静电不容易从空气中消散，电压容易升高；随着油管出口与油面距离的加大，油品与空气摩擦越剧烈，油流动时油面的搅动越严重，电压就越高；管道内壁越粗糙，流经的弯头阀门越多，产生静电电压越高。非金属管道，如帆布、橡胶、石棉、水泥、塑料等管道比金属管道更容易产生静电；管道上安装滤网的，其棚网越密，产生静电电压越高；大气温度较高（22~40℃），空气的相对湿度在13%~24%时，极易产生静电，同等条件下，轻质燃料比润滑油易产生静电。

2. 防止和减少静电产生的主要措施

地下卧式油罐要在首尾两端设两组静电接地装置，其电阻值不得大于10Ω。罐体与接地极之间的连接扁铁或导线，要采用螺栓连接，并做沥青等防腐处理。其他部位的静电接地装置的电阻值不大于100Ω。静电接地装置每年应检测两次。地下卧式罐进油管应下伸到距罐底15cm处并有弯口。加油机、加油胶管上的消除静电连接线，必须完好有效。向油罐、油罐汽车灌油时输入管必须插入油面以下或接近罐底，以减少油品的冲击和空气的摩擦，在开始装油到装满容器的3/4时，最容易发生放电事故，这时应控制流速，严禁喷溅进油。在空气特别干燥、温度较高的季节，要经常检查接地设备，适当放慢灌油速度，必要时可在作业场地和导静电接地极周围浇水。登上油罐从事灌装、计量工作的人员均不得穿化纤服装，登罐前应手扶无漆的油罐扶梯片刻，以导除人体静电。

雷雨天应停止发放汽油。阴雨天时，地表面气温下降，汽油在收发过程中挥发出的气体不易消散，如此时遇到雷击，在强大电流通过的地方，会使空气加热到极高温度，引起周围可燃物和汽油蒸气着火。另外，当带电的云层从建筑物上空经过时，处于云层下面的结构会引起感应电荷，这类电荷很可能对附近的金属设备产生放电火花，引燃油料蒸气。

接地装置的设置：钢油罐的防雷接地应不少于两处，接地点及沿油罐周长的间距不宜大于 30m，当罐顶装有避雷针或利用罐体作接闪器时，接地电阻不宜大于 30Ω。油罐、管线、装卸设备的接地线，常用厚度不小于 4mm、截面积不小于 48mm^2 的扁钢。油罐汽车可用直径不小于 6mm 的铜线和铝线。橡胶管一般用直径 3~4mm 多股铜线。接地极一般使用直径 50mm，长 2.5m，管壁厚度不小于 3mm 的钢管。在消除表面的铁锈和污物后，挖一个大约 0.5m 的坑，将接地极垂直打入坑底土中。接地极尽量埋在湿度大、地下水位高的地方。

（三）防中毒

（1）尽量减少油品蒸气的吸入量。首先，油品库房应保持良好的通风。进入轻质油库房作业前，应先打开门窗，让油品蒸气尽量逸散后再进入库内工作。进入轻油罐内作业时，必须事先打开人孔通风，并穿戴有通风装置的防毒装备，佩上保险带和信号绳。操作时，罐外应有专人值班，以便随时与罐内操作人员联系，并轮换作业。油罐、油箱、管线、油泵及加油设备等应保持严密不漏。对一些使用多年、腐蚀较严重的油罐，应经常检查，发现渗漏现象应及时维修。进行轻油作业时，操作者应站在上风口位置，尽量减少油蒸气吸入。

（2）避免口腔和皮肤与油品接触。不准采用通过胶管用嘴去吸油品的方式来引油，必要时可用橡皮球或抽吸设备去吸。作业完毕后，应用碱水或肥皂洗手，未经洗手和洗脸，不得饮水和进食。换下的沾有油污、油垢的工作服、手套、鞋袜等应经常清洗。

（四）防油品变质

（1）防止润滑油混入水分。应尽量将润滑油放入库房内存放，以防止雨水与露水的进入。如果润滑油包装容器必须露天放置时，应考虑昼夜温差大导致空气中的水分凝结附着在容器壁上，或油品在温度较高时从空气中吸收水分等影响。因此，润滑油包装容器露天放置时应加盖篷布，包装大桶应加防雨盖，减少与空气的接触，避免水分、雨雪的进入。在储运过程中，应避免雨雪天气时的室外作业，在装卸油品地点设置防雨篷，装卸完毕后将装卸口封好。

（2）减少氧化反应的发生。油品的氧化过程是一个化学反应，而温度和催化剂是影响化学反应速度的重要因素。油品与空气的接触面积越大，氧化进行得越快。平时温度和压力的升高也能促进氧在油品中的溶解扩散，氧化进行得更加剧烈。在油品储运过程中，难免接触金属，而金属的表面催化作用会促使润滑油发生进一步氧化。因此润滑油及基础油在储运过程中，应尽量避光密封保存，降低油品与空气的接触机会，保持温度和压力的稳定。在油品中加入抗氧剂、钝化剂等添加剂也可以减弱氧化反应的发生。尽量不采取金属包装容器储存油品，这样既节约了成本又减少了氧化反应发生的概率。

（3）不同种类、不同牌号、不同产地、不同公司的油品，应标示清楚、分别储放。桶装油一定要做到标记清楚。向石油供应部门购油时，若桶上无标记一定要查询清楚，并及时在油桶顶面用油漆写明油品名称、牌号、重量、生产厂家及购油日期。专桶专用，装燃料油（汽油、柴油、煤油）的桶不准装各种润滑油，装润滑油的桶不准装变压器油。

（4）强化工作人员的责任感，加强对所涉及的操作人员的培训教育，做到持证上岗、定期考核。同时严格监督油品质量情况，把好检验关。防止接收不合格油品入库，禁止不合格油品入库。

（五）环境保障措施

（1）油品在储运过程中应尽可能减少在空气中暴露，加强油品储藏设施及收发油系统的密封性。合理选择储罐类型，如有易挥发或闪点较低的油品（或添加剂）选用浮顶罐。

（2）在油品储运设施的选择上，应根据实际情况选择适合的泵类、阀门及其填料。在使用过程中检查密封情况，拆装填料要使用专用工具。在工作工程中尽量使泵、阀在设计条件下运转，避免因介质压力过高造成密封的破坏，产生泄漏。

（3）渗漏、滴溅的油污应及时擦除，防止雨水或融化的雪水将油品冲刷走。在清洗油品输转设备时产生的含油污水、储油设施底部的油水混合物应通过排污系统或相应容器进行收集。含油污水通过隔油—气浮方法等能有效除油。对罐区阀组、泵组、排污孔等渗漏较严重的地面进行防渗处理、加装防渗材料层，以防止油品泄漏渗入地下。

三、电力用油储运安全规范

上述是通用石油产品在储存和运输时应遵循的大原则，而电力系统常用油品的储运还应注意以下方面。

（1）装油容器材料与油的兼容性要好。与油品接触的某些物质可能会影响油的特性，如变压器油可能会影响容器衬垫内的橡胶，从而影响油的性能，引起界面张力、介质损耗因数、颜色等发生变化，有时甚至导致泄漏。油槽内所使用的油漆、橡胶袋及其他衬里材料全部都要通过兼容性的测试合格才可使用。

（2）装油容器的密封性要好，设计合理，易于清洗、排污和取样。变压器油的含水量对油的绝缘性能有重大影响。对储油槽来说，应避免变压器油与湿气接触。要做到这点，最常用的方法是在油槽内安装硅胶吸潮器，这样便可吸去进入槽内的湿气。此外，通过压力阀将氮气或干燥空气源连接到槽内也可以去除变压器油中的水分和潮气。

储油槽底部应设计成倾斜一定坡度，在最低点设一个排污阀，当油被水污染时，就可通过排污阀排尽油内所含的游离水。

（3）用道路油罐车、铁路油罐车运变压器油时应注意：

1）如油罐先前所运载变压器油的质量经检验不合格，则装油前应对油罐、管路、油泵和阀门进行彻底清洗，然后用所运载的油进行淋洗。

2）如果对油的干燥度有较高的要求，则需使用配备有硅胶吸湿器的特殊铁路油罐车运输。

（4）用油桶装运变压器油时应注意：

1）由于对用过的油桶进行清洗和检查比较困难，建议使用新的油桶装运新变压器油。

2）油桶灌装前应逐个检查其清洁度、密封性及内部是否生锈等。

3）油桶的灌装方法是通过油桶其中一个开口，将管子插入油桶底部进行灌装。灌装时不要完全灌满，要在油桶内预留5%的空间体积，避免温度升高，油的体积发生膨胀而胀裂油桶。在灌装结束后可对油桶取样并密封，通常第一个灌装油桶能反映灌装系统是否受到污染。在某些情况下，油桶在灌油之前，可用氮气或干空气注满油桶，以便除去桶内潮湿空气。

四、油品储运时的取样分析

（1）油罐装新油前必须进行检查，若以前装过同类新油，必须取残油进行分析，其质量符合要求才可继续灌装，否则必须进行彻底清洗后，才能使用。

（2）在灌装快结束时，应在装料管线的末端取样分析，以确认所运载的油类及质量要求是否合格。

（3）油灌装后，还应取样作为留样备用。

（4）油运送到用户处开始卸油前，应先取样分析验收，确认油的质量指标符合要求后才可卸油交货。

（5）用户在使用油前，还应再次取样分析，确认油的质量符合要求后才可使用。

五、危险化学品分类

通常将常用危险化学品分为以下八类。

（1）爆炸品。本类化学品在受到高热、压力、撞击等外界因素的作用时，会发生剧烈的化学反应，产生大量的热量和气体，引起爆炸。

（2）压缩气体和液化气体。本类化学品是指压缩、液化或经加压溶解的气体。

（3）易燃液体。易燃液体是指常温下为液体，遇火容易引起燃烧，其闪点不高于63℃的液体。

（4）易燃固体、自燃物品和遇湿易燃物品。

1）易燃固体是指燃点低，遇热、摩擦、撞击时，易引起剧烈的燃烧，并可能放出大量有毒有害气体的物品。

2）自燃物品是指自燃点低，在空气中自身发生氧化反应，产生热量而自行燃烧的物品。

3）遇湿易燃物品是指遇水或受潮能迅速发生化学反应，产生高热并放出易燃气体的物品。

（5）氧化剂和有机过氧化物。

1）氧化剂是指具有强烈的氧化性，易发生分解放出氧和热量的物质。

2）有机过氧化物是指分子组成中含有过氧基的有机物，其本身易燃易爆，极易分解。

（6）有毒品。本类化学品是指具有强烈的毒害性，进入机体累积达到一定量后，会发生生物化学作用或生物物理学作用，造成中毒甚至死亡。

（7）放射性物品。本类化学品是指放射性比活度大于 $7.4 \times 10^4 Bq/kg$ 的物品。

（8）腐蚀品。本类化学品是指具有强烈的腐蚀性，与人体组织接触会引起灼伤的固体或液体。

六、危险化学品的储存要求

（1）危险品储藏室应干燥、朝北、通风良好；门窗应坚固，门应朝外开；应设在四周不靠建筑物的地方。易燃液体储藏室温度一般不许超过28℃，储存爆炸品的不许超过30℃。

（2）危险品应分类隔离储存，量较大的应隔开房间，量小的也应设立铁板柜或水泥柜以分开储存。对腐蚀性物品应选用耐腐蚀性材料作架子。对爆炸性物品可将瓶子存于铺有干燥黄砂的柜中。相互接触能引起燃烧爆炸及灭火方法不同的危险品应分开存放，绝不能混存。

（3）照明设备应采用隔离、封闭、防爆型。室内严禁烟火。

（4）经常检查危险品储藏情况，及时消除事故隐患。

（5）实验室及库房中应准备好消防器材，管理人员必须具备防火灭火知识。

七、实验室常见五类危险源

（一）爆炸

一种或一种以上的物质在极短时间内（一定空间）急速燃烧，短时间内聚集大量的热，使气体体积迅速膨胀，引起爆炸。

1. 引起爆炸的原因

（1）压力差。一种是器皿内部压力减小，器皿壁的坚固性不够时，使器皿被压碎；另一种是器皿内部的压力加大到器皿爆炸的限度引起爆炸。

（2）反应区域内压力发生急剧升高或降低。

2. 实验室内气瓶爆炸的原因

（1）气瓶倒下时碰撞到坚硬的物体，引起强烈振动导致气瓶爆炸。

（2）氧气瓶的附件或瓶颈被油脂弄脏，由于油脂被迅速氧化，引起气瓶爆炸。

（3）可燃气体的气瓶阀门开启过快，气体冲出时可能产生静电并产生火花，使气瓶爆炸。

3. 实验室易致爆化学品的储存要求

硝酸、高氯酸、硼氢化钾、过氧化氢、六次甲基四胺、高锰酸钾、硫磺、硝酸银、硝酸钾、硝酸钠、硝酸铅、铝粉、镁、锌粉和重铬酸钾等，应按照国家有关标准和规范要求，储存在封闭式、半封闭式或露天式危险化学品专用储存场所内，并根据危险品性能分区、分类、分库储存。

（二）火灾

燃烧是一种发光、发热的剧烈化学反应，产生燃烧需要具备可燃物、着火源和助燃物。

1. 实验室内引起燃烧的原因

（1）实验材料保管不当，如实验室存放的易燃易爆物质遇到热源或火源。

（2）实验过程产生的高温物质和火源可能引发化学火灾。

（3）实验设备设施使用不当引发火灾，如过载、短路、导线接触不良、用电设备操作不当等引发电气火灾。

（4）人为疏忽，如忘记关电源、忘记熄灭酒精灯等。

2. 常用灭火器的原理、适用范围

（1）泡沫灭火器。泡沫灭火器灭火时，能喷射出大量二氧化碳及泡沫，黏附在可燃物上，使可燃物与空气隔绝，达到灭火的目的。一般用于扑灭油制品、油脂等的火灾，不适用于扑灭带电设备的火灾。

（2）二氧化碳灭火器。二氧化碳灭火器在加压时将液态二氧化碳压缩在小钢瓶中，灭火时再将其喷出，有降温和隔绝空气的作用。可用来扑灭图书、档案、贵重设备、精密仪器、600V以下电气设备及油类的初起火灾。适用于扑救一般 B 类火灾，如油制品、油脂等火灾，也可适用于 A 类火灾。

（3）干粉灭火器。干粉灭火器利用压缩的二氧化碳吹出干粉（主要含有碳酸氢钠或磷酸氢二铵）来灭火。碳酸氢钠干粉灭火器适用于易燃、可燃液体、气体及带电设备的初起火灾；磷酸铵盐干粉灭火器除可用于上述几类火灾外，还可扑救固体类物质的初起火灾。

（三）中毒

中毒是机体过量或大量接触化学毒物，引发组织结构和功能损害、代谢障碍而发生疾病或死亡。毒物入侵人体的途径是经皮肤、呼吸道、消化道侵入。

化学试剂毒性按等级可分为剧毒、高毒、中毒、低毒，分级的标准为急性毒性。常见毒物及中毒急救措施如下。

（1）一氧化碳。是无色无臭的气体，对空气的相对密度为0.967，毒性很大。一氧化碳进入血液后，与血色素结合力比氧气大200~300倍，因而快速形成碳氧血色素，使血色素丧失输送氧气的能力，导致全身组织尤其是中枢神经系统严重缺氧，造成中毒。应立即将一氧化碳中毒者抬到空气新鲜处，注意保温。对于呼吸衰竭者立即进行人工呼吸，并给以吸氧，立即送医院。

（2）硫化氢。是无色气体，具有臭鸡蛋味，能使中枢神经系统中毒，使延髓中枢麻痹；与呼吸酶的铁结合，酶活动性减弱。低浓度时，会出现头晕、恶心、呕吐；高浓度或吸入量大时，可使意识丧失，昏迷窒息而死亡。因硫化氢恶臭，一旦发现其气体应立即离开现场；对中毒严重者进行人工呼吸，急送医院。

（3）砷及其砷化物。急性中毒时会发生咽干、口渴、流涎、持续呕吐并混有血液、腹泻、剧烈头痛、心力衰竭至死；慢性中毒时会造成毛发脱落，指甲萎缩变松，皮肤色素沉淀。

（四）触电

触电是指人体与电源直接接触后电流流经人体，造成机体组织损伤和功能障碍，临床上表现为局部损伤，或全身性损伤，主要是心血管和中枢神经系统的损伤，严重的可导致心跳、呼吸停止。

实验室安全用电注意事项如下：

（1）实验前，先检查用电设备，再接通电源；实验结束后，先关仪器设备，再关闭电源。

（2）工作人员离开实验室或遇到实验室突然断电的情况，应及时关闭电源，尤其要关闭加热电器的电源开关。

（3）不得将供电线任意放在通道上，以免应绝缘破损造成电路短路，发生人员触电事故。

（4）实验室同时使用多种电气设备时，其总用电量和分线用量均应小于设计容量。

（5）连接在接线板上的用电总负荷不能超过接线板的最大容量。

（6）不使用损坏的电源插座。

（7）切勿带电插、拔、接电气线路。

（8）电气设备在未验明无电时，一律认为有电，不能盲目触及。

（9）在需要带电操作的低电压电路实验时，单手操作比双手操作安全。

（10）在有电加热、电动搅拌、磁力搅拌及其他电动装置参与的化学反应物后处理运行过程中，实验人员不得擅自离开。烘箱、搅拌器、电加热器、冷却水等原则上不准过夜。确需过夜的须经研究所安全员同意，并有专人值班。

（五）烧伤

烧伤一般指热力，包括热液（水、汤、油等）、蒸汽、高温气体、火焰、炽热金属液体或固体（如钢水、钢锭）等所引起的组织损害，主要指皮肤、黏膜，严重者也可伤及皮下、黏膜下组织，如肌肉、骨、关节甚至内脏。

烧伤按程度不同分为三度，即一度烧伤、二度烧伤和三度烧伤。实验室常见的化学烧伤及急救措施主要有：

（1）硝酸、硫酸、盐酸、磷酸、甲酸、草酸、苦味酸等烧伤，应先用大量的清水冲洗，再用碳酸氢钠的饱和溶液清洗。

（2）氢氧化钠、氢氧化钾、氨水等烧伤，应先用大量的清水冲洗，再用乙酸溶液（20g/L）冲洗。其中对氧化钙灼伤者，可用植物油洗涤伤面。

（3）被铬酸灼伤后先用大量清水冲洗，再用硫化铵溶液洗涤。

（4）被氢氟酸灼伤后，立即用大量冷水冲洗至伤口表面发红，再用碳酸钠溶液（50g/L）清洗，最后用甘油镁油膏（甘油∶氧化镁=2∶1）涂抹，消毒纱布包扎。

第二章 电力设备用油通用检测技术

电力设备用油主要指电力系统设备用的变压器油、涡轮机油、抗燃油、齿轮油、密封油及液压油等，通用检测技术指适用于两种及以上电力设备用油的检测技术。本章重点介绍了通用检测项目的检测依据、试验目的、操作要点及注意事项，包括取样规范、水分、酸值、颗粒度、光谱元素分析、老化试验、油泥析出、色度、密度、倾点和运动黏度等。

第一节 电力设备用油取样方法及技术规范

一、取样方法概要

电力设备用油取样规范参照 GB/T 7597—2007《电力用油（变压器油、汽轮机油）取样方法》。该标准规定了从变压器类电气设备、汽轮机、水轮机、调速系统中取变压器油、汽轮机油（含抗燃油）样品的方法，也规定了从油桶、油罐、油罐车中取样的方法；并适用于变压器、互感器、油开关、套管等充油电气设备及汽轮机、水轮机、调相机、调速系统等设备用油的采集。发电机、给水泵等设备用油的采集可参照执行。

二、取样目的

取样是准确评价电力设备用油油品质量的重要环节，如果取样方法不规范，样品就没代表性，其试验结果就失去其意义，正确取样是各种涉油试验、研究领域中取得成果的首要环节。为了确保所取样品具有代表性，应严格按照 GB/T 7597—2007《电力用油（变压器油、汽轮机油）取样方法》或 IEC 475 等标准规定的取样方法进行，否则会由于所取油品不具代表性而导致对油质评价产生误判断。

三、取样技术规范

（一）取样工具

电力设备用油取样工具及其应用见表 2-1，示意图如图 2-1 所示。

表 2-1　　　　　　　　　取样工具及其应用

取样工具	适用项目	特殊要求或准备工作
500~1000mL 磨口具塞试剂瓶	常规分析	取样瓶先用洗涤剂进行清洗，再用自来水冲洗，最后用蒸馏水洗净，烘干、冷却后，盖紧瓶塞，粘贴标签待用
10 mL 或 100 mL 玻璃注射器	油中水分含量、溶解气体、总含气量分析	油中溶解气体、总含气量分析采用 100 mL 玻璃注射器，油中水分分析采用 10 mL 玻璃注射器；注射器应气密性好，注射器芯塞应无卡涩，可自由滑动，且装在一个具有避光、防振、防潮等功能的专用盒内。取样注射器使用前，应顺序用有机溶剂、自来水、蒸馏水洗净，在 105 ℃下充分干燥，或采用吹风机热风干燥，并立即用小胶帽塞住注射器头部，粘贴标签待用
取样管	油桶内取样	选取 2~3 根取样管，洗净后自然干燥，两端用塑料帽封住，待用
取样勺	油罐或油槽车取样	取样勺洗净自然干燥后待用
透明耐油吸管或塑料管	设备取样	用设备所带的防污染的密封取样阀和作为导油管用的透明耐油吸管或塑料管
80 mL 或 250 mL 洁净瓶	清洁度取样	经每 100 mL 中粒径大于 5μm 的颗粒不得多于 100 粒（用于稀释应不大于 50 粒）的清洁液清洗后并留 10mL 清洁液密封备用，且取样瓶的颗粒度比被取油样至少低三级或颗粒数不超过 100 粒

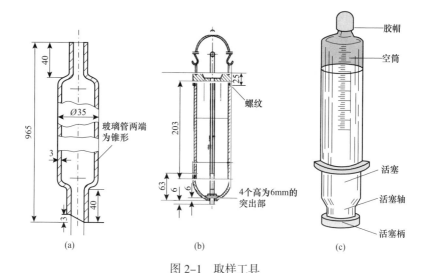

图 2-1　取样工具

（a）取样管；（b）取样勺；（c）玻璃注射器

（二）取样部位和取样方法

1.油桶中取样

从污染严重的底部取样，必要时可抽查上部油样。开启桶盖前需用干净甲级棉纱或布将桶盖外部擦净，开盖后用清洁、干燥的取样管取样。从整批油桶中取样时，取样的桶数应能足够代表该批油的质量，具体规定见表 2-2。每次试验应按表 2-2 规定取数个单一油样，均匀混合成一个混合油样。

表 2-2　　　　　　　　　油桶总数与应取桶数

取样数（桶）	1	2	3	4	5	6	7	8
油桶总数（桶）	1	2~5	6~20	21~50	51~100	101~200	201~400	>400
取样桶数（桶）	1	2	3	4	7	10	15	20

2. 油罐或油槽车中取样

油样应从污染最严重的油罐底部取出，必要时可用取样勺抽查上部油样。从油罐或槽车中取样前，应排去取样工具内存油，然后用取样勺取样。

3. 变压器油中水分和油中溶解气体分析取样

一般应从设备底部的取样阀取样，在特殊情况下可在不同取样部位取样。取样量应符合下列要求：

（1）进行油中水分含量测定用的油样，可同时用于油中溶解气体分析，不必单独取样。

（2）常规分析根据设备油量情况采取样品，以够试验用为限。

（3）做溶解气体分析时，取样量为 50~100mL。专用于测定油中水分含量的油样，可取 10~20mL。

4. 油中颗粒度取样

（1）取样时，应先倒掉取样瓶中保留的少量清洁液，再取样。

（2）从设备的取样阀取样时，要保证取样阀可提供大约 500mL/min（最小 100mL/min）的流量，并在取样阀下部放置污油桶。取样时应先用干净绸布沾取石油醚擦净阀口，再打开、关闭取样阀 3~5 次以冲洗取样阀，放出足够数量的油液，至少 500mL 油液但不少于取样管路总体积的 5 倍。在不改变通过取样阀液体流量的情况下，接入取样瓶取样 200mL 后，移走取样瓶并马上盖好瓶盖，再关闭取样阀，移走污油桶。

（3）从油桶中取样，取样装置应用 0.45μm 滤膜滤过的清洁液冲洗干净，取样前，将油桶顶部、上盖用绸布沾石油醚擦洗干净。用取样装置从油桶中抽取约 5 倍于取样管路容积的油样冲洗取样管路，冲洗油收集在废油瓶里。从油桶的上、中、下三个部位向清洁取样瓶取样约 200mL，盖好取样瓶。

（4）油样应密封保存，测量时再启封。

（5）现场取样时应采取适当措施防止环境灰尘对样品影响。

5. 电气设备中取样

对于变压器、油开关或其他充油电气设备，应从下部阀门（含密封取样阀）处取样。取样前油阀门应先用干净甲级棉纱或纱布擦净，旋开螺帽，接上取样用耐油管；放油将管路冲洗干净，将排出的废油用废油容器收集，而不应直接排至现场，然后用取样瓶取样；取样结束，旋紧螺帽。对需要取样的套管，在停电检修时，从取样孔取样。没有放油管或取样阀门的充油电气设备，可在停电或检修时设法取样。进口全密封的取样阀的设备按制造厂规定取样。

6. 汽轮机（或水轮机、调相机、大型汽动给水泵）油系统中取样

正常监督试验由冷油器取样；检查油的脏污及水分时，自油箱底部取样。取样前用干净的白布将取样阀门擦拭干净，冲洗管道排出循环不充分的死角油样，然后将能代表本体的样品采入取样容器中。

（三）取样注意事项

（1）在取样时应严格遵守用油设备的现场安全规程。

（2）对有特殊要求的项目，应按试验方法要求进行取样。

（3）避免在油循环不够充分的死角处取样。

（4）对于变压器油中水分和油中溶解气体分析取样，取样过程要求全密封，取样连接方式可靠。操作时油中不得产生气泡。取样应在晴天进行，取样后要求注射器芯子能自由活动。

（5）油样应尽快进行分析，做油中溶解气体分析的油样不得超过4天；做油中水分含量的油样不得超过7天。

第二节　油中水分含量检测技术

一、方法概要

（一）库仑法

库仑法检测依据GB/T 7600—2014《运行中变压器油和汽轮机油水分含量测定法（库仑法）》。将库仑计与卡尔—费休滴定法结合起来，当被测试油中的水分进入电解液（即卡尔—费休试剂，简称

卡氏试剂）后，水参与碘、二氧化硫的氧化还原化学反应，依据法拉第定律，电解产生的碘与电解时耗用的电量成正比例关系。

在吡啶和甲醇存在下，生成氢碘酸吡啶和甲基硫酸吡啶，消耗了的碘在阳极电解产生，从而使氧化还原反应不断进行，直至水分全部耗尽为止。其反应式如下：

$$H_2O + I_2 + SO_2 + 3C_5H_5N \rightarrow 2C_5H_5N \cdot HI + C_5H_5N \cdot SO_3$$
$$C_5H_5N \cdot SO_3 + CH_3OH \rightarrow C_5H_5N \cdot HSO_4CH_3$$

在电解过程中，电极反应如下

阳极：$2I^- - 2e \rightarrow I_2$

阴极：$I_2 + 2e \rightarrow 2I^-$

$\quad\quad\quad 2H^+ + 2e \rightarrow H_2 \uparrow$

从以上反应式中可以看出，1mol 的碘氧化 1mol 的二氧化硫，需要 1mol 的水，所以是 1mol 碘与 1mol 水的当量反应，电解碘的电量相当于电解水所需的电量，即 1mol 相当于 $2 \times 96493C$ 电量。根据这一原理可直接从电解消耗的电量计算出水的含量，计算公式如下：

$$\frac{m \times 10^{-6}}{18} = \frac{Q \times 10^{-3}}{2 \times 96493}$$
$$m = \frac{Q}{10.722}$$

式中　m ——样品中的水分，μg；

$\quad\quad Q$ ——电解电力，mC；

$\quad\quad 18$ ——水的相对质量。

现行检测方法的标准是 GB/T 7600—2014《运行中变压器油和汽轮机油水分含量测定法（库仑法）》，适用于变压器油、汽轮机油、磷酸酯抗燃油、液压油、齿轮油等设备用油中的水分含量测定。

（二）蒸馏法

蒸馏法检测依据 GB/T 260—2016《石油产品水含量测定蒸馏

法》，通过将一定量的试样与无水溶剂混合，对混合样进行蒸馏，将其中的水分收集到接收器中，测出试样中的水分含量。新的液压油、齿轮油和空气压缩机油的水分含量检测采用该方法。

二、试验目的

绝缘油中的微水含量是绝缘油质量的主要控制指标之一。油中水的主要影响是使纸绝缘遭到永久的破坏。绝缘油中微量水分的存在，对绝缘介质的电气性能与理化性能都有极大的危害，水分可导致绝缘油的击穿电压降低，介质损耗因数增大；水分是油氧化作用的主要催化剂，促进绝缘油老化，损坏设备，导致电力设备的运行可靠性和寿命降低，甚至危及人身安全。在磷酸酯抗燃油中水分存在会使其水解产生酸性物质，酸性产物又有自催化作用，酸值升高能导致设备腐蚀。汽轮机油中水分的存在，不仅会造成汽轮机油变质（如添加剂析出）及油品乳化、腐蚀，而且还会引起润滑油膜变薄，加速运动部件的磨损。

三、技术要点

（一）库仑法

（1）采用库仑法测定水分，其关键是卡氏试剂的配制和电解液的组成比例要严格控制，否则会影响检测灵敏度或使终点不稳定，指针漂移，所选的各种药品必须无水，电解液应放在干燥的暗处保存，温度不宜高于20℃。

（2）搅拌速度影响测试数据的稳定性，通常调节搅拌速度能够使电解液呈旋涡状为宜。

（3）进样用的注射器和校准用的微量注射器应定期检定合格。

（4）注射器取样时，注射器里的试样不能有气泡，若有气泡要将其排出，否则影响测试结果。

（5）当注入的油样达到一定量后，电解液会呈现浑浊状态，但不会影响测试结果。若继续进样，应用标样标定，符合规定后，可以继续进样测定，否则应更换电解液。

（6）测定油中水分时，应注意试样的密封性，在测试过程中不要让大气中的潮气侵入试样中。

（7）在测定过程中，有时会出现过终点现象，导致测定结果偏低，原因是空气中的氧将电解液中的碘离子氧化生成了碘。当阴极室出现黑色沉淀后，可将电极取出，用酸清洗后使用。

（8）测试仪器最好配有稳压电源，尽量放置在噪声小、无磁场干扰的环境中，以免影响仪器的稳定。

（9）当测定较大密度或黏度的试样（如抗燃油、齿轮油等）或油中含有较大水分（10%以上）时，可适量减小注射器的取样量。

（二）蒸馏法

（1）试样必须具有代表性，测试前要混合均匀。

（2）溶剂（工业溶剂油或直馏汽油在80℃以上的馏分）必须脱水，水分蒸馏仪必须干燥。

（3）蒸馏前应向烧瓶中放入几粒无釉瓷片，以便在瓶中液体热至沸腾时能形成许多细小的空气泡，使液体均匀沸腾，不会发生爆沸。

（4）对于含水量多的油品，蒸馏时，不能加热太快。避免产生强烈的沸腾现象，造成液体冲出，致使试验报废。

（5）加热过快或塞子漏气会使部分蒸汽不经冷凝而逸出，造成试验结果不准。

（6）当试样中水分超过10%时，可酌情减少试样。但也要注意，试样称量太少时，会降低试样的代表性，影响测定结果的准确性。

第三节 油品运动黏度检测技术

一、方法概要

目前电力设备用油运动黏度的测定方法涉及以下两种：

（1）依据 GB/T 265—1988《石油产品运动黏度测定法和动力黏度计算法》。在某一恒定的温度下，测定一定体积的液体在重力下流过一个标定好的玻璃毛细黏度计的时间，黏度计的毛细管常数与流动时间的乘积，即为该温度下测定液体的运动黏度。变压器油、汽轮机油、抗燃油和齿轮油的运动黏度检测均采用该方法。

（2）依据 NB/SH/T 0870—2013《石油产品的动力黏度和密度的测定及运动黏度的计算 斯塔宾格黏度计法》。运动黏度是指液体在重力作用下流动时内摩擦力的量度，其值为相同温度下液体的动力黏度（η）与其密度（ρ）之比。将试样注入精确控温的测量池中，测量池由一对同心旋转的圆筒和一个 U 形振动管组成。通过测定试样在剪切应力下内圆筒的平衡旋转速度和涡流制动得到动力黏度，通过测定 U 形管的振动频率得到密度。运动黏度由动力黏度与密度的比值计算得到。该方法适用于温度为 40℃时，动力黏度范围为 2.05~456mPa·s；温度为 100℃时，动力黏度范围为 0.83~31.6mPa·s；温度为 15℃时，密度范围在 0.82~0.92g/mL 的样品。

二、试验目的

黏度决定了油的流动能力和油支承负荷及传送热量的能力。黏度影响轴颈和轴承面建立油膜的好坏和轴承效能及稳定特性，是润滑油的一个非常重要的安全经济技术指标。变压器油除了起绝缘作用外，还起着散热的作用。因此，要求油的黏度适当，黏度过小，工作安全性降低；黏度过大，影响传热。尤其在寒冷地区较低温度下油的黏度不能过大，需具有循环对流和传热能力，才能使设备正常运行，或停止运行后在启用时能顺利安全启动。

三、技术要点

（一）黏度计法

（1）根据试验温度选用黏度计，务必使试样的流动时间不少于 200s，内径 0.4mm 的黏度计流动时间不少于 350s。

（2）含有水或机械杂质的试样，在试验前必须经过脱水处理，用滤纸过滤除去机械杂质。

（3）为确保测试结果的准确性，用于测定黏度的秒表、毛细管黏度计和温度计都必须定期检定。

（4）试样中不许有气泡。测黏度时，如试验中存有气泡会影响装油的体积，且进入毛细管后可能形成气塞，增大了液体流动的阻力，使流动时间拖长，测定结果偏高。

（5）测定黏度时，要将黏度计调整成垂直状态。若黏度计的毛细管倾斜，会改变液柱高度，从而改变静压的大小，使测定结果产生误差。

（6）测定黏度时要保持恒温。液体油品的黏度是随温度的升高而降低，随温度的下降而增大，故在测定中必须严格恒温。极微小的温度波动（超过 $\pm 0.10℃$），就会使测定结果产生较大误差。

（7）黏度计清洗。将黏度计用溶剂油或石油醚洗涤，如果黏度计沾有污垢，用铬酸洗液、水、蒸馏水或 95% 乙醇依次洗涤。然后放入烘箱中烘干或用通过棉花滤过的热空气吹干。

（二）斯塔宾格黏度计法

（1）热平衡时间与液体的热容、电导以及试样温度和测试温度之差有关。在 1min 内连续测量的黏度值保持在 $\pm 0.07\%$（相对偏差），密度值保持在 $\pm 0.00003g/mL$（绝对偏差），试样温度要充分平衡。

（2）注射器的材质应与其所接触的所有液体试样和清洗液不发生任何反应。

（3）将试样注入测量池时要避免试样中产生气泡。

（4）对于可能含有颗粒的试样（如在用油或原油），可用75μm的滤膜去除其中的颗粒，用磁铁去除其中的铁屑。含蜡试样可使用预热过滤器加热熔化蜡晶体后再进行过滤。

（5）用于吹扫测量池的气体应干燥处理，避免因带入水分而使测量池被腐蚀。

第四节　油品密度检测技术

一、方法概要

油品的密度是单位体积内所含油品的质量，以符号 ρ 表示。我国规定油品在20℃时的密度为标准密度，以 $\rho20$ 表示。目前电力用油密度的测定方法涉及以下两种：

（1）依据GB/T 1884—2000《原油和液体石油产品密度实验室测定法（密度计法）》。使试样处于规定温度，将其倒入温度大致相同的密度计量筒中，将合适的密度计放入已调好温度的试样中，让它静止。当温度达到平衡后，读取密度计刻度读数和试样温度。用石油计量表把观察到的密度计读数换算成标准密度，单位为 kg/m³，常用单位 g/cm³。如果需要，将密度计量筒及内装的试样一起放在恒温浴中，以避免在测定期间温度变动太大。该方法适用于使用玻璃石油密度计在实验室测定通常为液体的原油、石油产品以及石油产品和非石油产品混合物的20℃密度的方法。

（2）依据NB/SH/T 0870—2013《石油产品的动力黏度和密度的测定及运动黏度的计算斯塔宾格黏度计法》。将试样注入精确控温的测量池中，测量池由一对同心旋转的圆筒和一个U形振动管组成。通过测定试样在剪切应力下内圆筒的平衡旋转速度和涡流制动（与校准数据相关）得到动力黏度，通过测定 U 形管的振动频率（与校准数据相关）得到密度。该方法适用于温度为 15℃时，密度范围在 0.82~0.92g/mL 的样品。

二、试验目的

密度影响油品热传导率，还能用于确定油品在某些特殊场合是否适用，密度与油品的组成以及水的存在量均有关。对于变压器油来说，控制其密度在某种意义上也控制了油品中水的存在量，特别是对于在寒冷地区工作的变压器，防止在冬季暂时停用期不出现浮冰现象更有实际意义。密度是磷酸酯抗燃油与石油基汽轮机油的主要区别之一。

三、技术要点

（一）密度计法

（1）密度计和温度计必须经国家计量机构检定合格后方可使用。在整个试验期间，环境温度变化应不大于 2℃。当环境温度变化大于 ±2℃时，应使用恒温浴。

（2）密度计在使用前必须全部擦拭干净，擦拭后严禁手握最高分度线以下各部分，以免影响读数。

（3）测定密度用盛试油的量筒，其直径应较密度计扩大部分躯体的直径大一倍，以免密度计与量筒内壁碰撞，影响准确度，其高度也要适当。

（4）测定透明液体时，密度计读数为液体主液面与密度计刻度相切的那一点，如图 2-2 所示；测定不透明液体时，使眼睛稍高于液面的位置，观察密度计读数为液体弯月面上边缘与密度计刻度相切的那一点，如图 2-3 所示。

（5）如果发现密度计的分度标尺位移、玻璃有裂纹等现象，应停止使用。

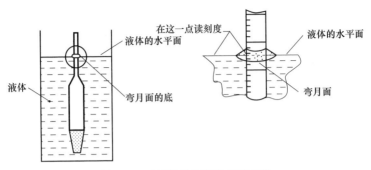

图 2-2　透明液体密度计刻度读数

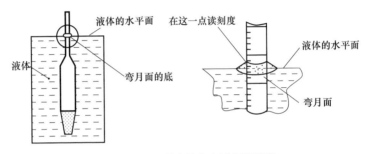

图 2-3　不透明液体密度计刻度读数

（6）试样内或其表面有气泡时，在测定前应将气泡消除，否则会影响读数。

（7）测定混合油的密度时，必须搅拌均匀。

（8）油品的密度受温度的影响很大，如温度升高时，油的体积就增大，密度减小；反之温度降低，体积缩小，密度就增大。因此在测定油品密度时，必须标明测定时的温度。

（二）斯塔宾格法

（1）测定时应使测试槽的温度保持在要求温度 ±0.05℃ 的范围内。

（2）进样使用的注射器容量不应小于 2mL，对于溶解性很强的样品宜使用玻璃注射器，不宜使用医用一次性注射器。

（3）进样器中存有气泡时，在测定前应将气泡消除，否则会影响测量结果。

（4）对于黏性润滑油等易携带气泡的样品，在不加热的情况下进行超声波振荡 10min 去除样品中的气泡。

（5）注射器的材质应与其所接触的所有液体试样和清洗液不发生任何反应。

（6）对于可能含有颗粒的试样（如在用油或原油），可用 75μm 的滤膜去除其中的颗粒，用磁铁去除其中的铁屑。含蜡试验可使用预热过滤器加热熔化蜡晶体后再进行过滤。

（7）用于吹扫测量池的气体应干燥处理，避免因带入水分而使测量池被腐蚀。

第五节　　油品倾点检测技术

一、方法概要

试样经预热后，在规定速度下冷却，每间隔 3℃检查一次试样的流动性，记录观察到试样能流动的最低温度作为倾点。试验依据标准 GB/T 3535—2006《石油产品倾点测定法》进行。

二、试验目的

润滑油倾点是用来衡量润滑油低温流动性的指标，倾点的高低与润滑油的组成有关，含烷烃（石蜡）较多的油倾点较高，在润滑油加工过程中经过脱蜡以后倾点可以大幅度的降低。变压器油的倾点是用户根据当地气候条件选用变压器油的重要依据。

三、技术要点

（1）在观察试样的流动性时，迅速取出试管、观察试样流动性、试管返回冷浴的全部操作要求不超过 3s。

（2）温度计在试管内的位置必须固定牢靠，要特别注意不能搅动试样中的块状物。

（3）在试验前24h内曾被加热超过45℃的样品，或是不知其受热经历的样品，均需在室温下放置24h后，方可进行试验。

（4）从第一次观察试样的流动性开始，温度每降3℃，都应观察式样的流动性，要特别注意不能搅动试样中的块状物，也不能在试样冷却至足以形成石蜡结晶后移动温度计。

（5）在低温时，冷凝的水雾会妨碍观察，可以用清洁的布蘸与冷浴温度接近的擦拭液擦拭试管以除去外表面的水雾。

（6）当试管倾斜而试样不流动时，应立即将试管放置于水平位置5s，并仔细观察试样表面。如果试样显示出有任何移动，应立即将试管放回浴或套管中，待再降低3℃时，重新观察试样的流动性。

（7）如果使用自动倾点测定仪，要求严格遵循生产厂家仪器的校准、调整和操作说明书的规定，在发生争议时应按手动方法作为仲裁试验的方法。

第六节 油品酸值检测技术

一、方法概要

目前电力用油酸值的测定方法有以下四种：

（1）依据GB 264—1983《石油产品酸值测定法》。采用沸腾乙醇抽出油样中的酸性组分，再用氢氧化钾乙醇溶液进行滴定，中和1g试油酸性组分所需的氢氧化钾毫克数称为酸值。本方法采用的指示剂为碱性蓝6B或甲酚红，当采用氢氧化钾乙醇溶液滴定至溶液颜色由蓝色变成浅红色或由黄色变为紫红色，即为滴定终点。本方法适用于电力设备用油的酸值测定。

（2）依据GB/T 28552—2012《变压器油、汽轮机油酸值测定法（BTB法）》。本方法采用的指示剂为溴百里香酚蓝（BTB）指示剂，当采用氢氧化钾乙醇溶液滴定至溶液颜色由黄色变为蓝绿色，即为滴定终点。本方法适用于变压器油、汽轮机油酸值的测定，磷酸酯抗燃油的酸值测定可参照使用本方法。

（3）GB/T 4945—2002《石油产品和润滑剂酸值和碱值测定法（颜色指示剂法）》。测定酸值或碱值时，将试样溶解在含有少量水的甲苯和异丙醇混合溶剂中，使其成为均相体系，在室温下分别用标准的碱或酸的醇溶液滴定。通过加入的对–萘酚苯溶液颜色的变化来指示终点（在酸性溶液中显橙色，在碱性溶液中显暗绿色）。测定强酸值时，用热水抽提试样，用氢氧化钾醇标准溶液滴定抽提的水溶液，以甲基橙为指示剂。本方法适用于电力设备用油的酸值测定。

（4）依据GB/T 7304—2014《石油产品酸值的测定　电位滴定法》。将试样溶解在滴定溶剂中，以氢氧化钾异丙醇标准溶液为滴定剂进行电位滴定，所用的电极对为玻璃指示电极与参比电极或者复合电极。绘制电位mV值对应滴定体积的电位滴定曲线，并将明显的突跃点作为终点，如果没有明显突跃点则以新配的水性酸和碱缓冲液的电位值作为滴定终点。本方法适用于电力设备用油的酸值测定。

二、试验目的

酸值是润滑油使用性能的主要指标之一。润滑油在使用过程中由于氧化变质生成一些有机酸而使酸值增加。酸值过大，一方面造成设备的腐蚀，另一方面促使润滑油继续氧化生成油泥，都会给设备运行带来不利后果。在使用中润滑油的酸值超过规定就不能继续使用，必须进行处理或更换新油。磷酸酯抗燃油酸值的增加，主要来自其劣化（水解、降解）产物。当酸值增加到一定程度时，不仅对金属造成一定的腐蚀，而且还能加速磷酸酯的水解，从而缩短油的寿命。变压器油中的酸性物质会提高油品的导电性，降低油品的绝缘性能，在运行温度较高（如80℃以上）的情况下，还会促使固体纤维质绝缘材料产生老化现象，缩短设备的运行寿命。变压器油中的酸性物质会对设备构件所用的铜、铁、铝等金属材料有腐蚀作用，生成的金属盐类是氧化反应的催化剂，会更加速油的老化进程。故新油酸值是生产厂家出厂检验和用户检查验收油质好坏的重要指标之一，也是运行中油老化程度的主要控制指标之一。

三、技术要点

（一）油品测定方法（GB/T 264—1983、GB/T 28552—2012）

（1）测定酸值时先排除二氧化碳对酸值的干扰：需要将试样煮沸 5min，去除油中的二氧化碳。

（2）滴定时必须趁热，避免二氧化碳溶于其中。在每次滴定时，从停止回流至滴定完毕所用的时间不得超过 3min。

（3）加入指示剂量规定为 0.5mL，用量不宜太多。指示剂是酸性有机化合物，会消耗碱，影响测定结果的准确度，会造成较大的误差。

（4）酸值滴定至终点附近时，应缓慢加入滴定液，在将要到达终点时，应改为半滴滴加，以减少滴定误差。

（5）氢氧化钾乙醇溶液保存不宜过长，一般不超过三个月，当氢氧化钾乙醇溶液变黄或产生沉淀时，应对其清液进行标定方可使用。

（6）对于颜色较深或酸值较大的油样，可以适当减少油样的称取量。

（二）油品测定方法（GB/T 4945—2002）

（1）标定用的邻苯二甲酸氢钾基准试剂，使用前须在 105~110℃的烘干箱中干燥至恒重。

（2）配制指示剂的水应去除二氧化碳。

（3）异丙醇的体积膨胀系数较大，氢氧化钾异丙醇溶液的标定温度应与试验温度接近。

（4）标准氢氧化钾异丙醇溶液放置一段时间后，会出现白色沉淀，应重新标定。

（三）油品测定方法（GB/T 7304—2014）

（1）电位计应接地防止在整个操作过程中由于触碰接地线、玻璃电极表面的暴露部分、玻璃电极导线、滴定台等而产生的静电场对电位计读数产生影响。

（2）检测电极要选用适合非水滴定的标准 pH 电极。

（3）参比电极选用甘汞电极或银 – 氯化银参比电极，不使用时应用清洗干净，塞入密封充液孔。

（4）在搅拌过程中应在不溅出液体，且溶液中不带入气泡的前提下，提供尽可能剧烈的搅动。

（5）滴定管要使滴定剂在进入滴定瓶之前不接触到周围的空气和其他蒸气。

（6）银 – 氯化银参比电极在使用之前，如果其中含有的电解液不是 1~3mol/L 的氯化锂乙醇溶液，则应予以更换。

第七节　油中 T501 抗氧化剂含量的检测技术

一、方法概要

目前电力用油中 T501 抗氧化剂含量的检测方法主要有以下两种：

（1）依据 GB/T 7602.2—2008《变压器油、汽轮机油中 T501 抗氧化剂含量测定法　第 2 部分：液相色谱法》。本方法以甲醇为萃取剂，富集油中的 T501 抗氧化剂，用高效液相色谱仪分析溶解在萃取液中的 T501 抗氧化剂含量。本方法的检测下限为 0.005%，适用于变压器油、汽轮机油中 T501 抗氧化剂含量测定。

（2）依据 GB/T 7602.3—2008《变压器油、汽轮机油中 T501 抗氧化剂含量测定法　第 3 部分：红外光谱法》。本方法是由于油样中添加了 T501 抗氧化剂后在 $3650cm^{-1}$（$2.74\mu m$）波数处出现酚羟基伸缩振动吸收峰，该吸收峰的吸光度与 T501 抗氧化剂浓度成正比关系，通过绘制标准曲线，从而求出其在油样中的质量百分含量。本方法的检测下限为 0.005%，适用于变压器油、汽轮机油中 T501 抗氧化剂含量测定，是目前常用的检测方法。

二、试验目的

在油品中添加抗氧化剂，能够减缓油品在运行中的老化速度。T501 抗氧化剂是我国广泛采用的一种抗氧化剂。在油品中添加 0.15%~0.5% 的 T501 抗氧化剂，能起到很好的抗氧化作用。由于 T501 抗氧化剂在运行中会逐渐消耗，在设备检修时对油的处理也会消耗一部分 T501，当油中 T501 含量降到 0.15% 以下时，其抗氧化能力明显降低，应及时补加到正常浓度才可起到减缓油品老化速度作用。因此在油品的防劣化工作中，定期检测 T501 抗氧化剂含量是一项重要工作。

三、技术要点

（一）液相色谱法

（1）当遇到 T501 峰分离情况不好时，可通过调整流动相中甲醇和水的比例使之得到改善。流动相比例改变后，应重新用标准油标定仪器。

（2）试验时液相色谱仪的流动相应经微孔过滤和脱气处理后使用。

（3）试验时应经常检查液相色谱仪的泵、进样口和管路是否存在泄漏，发现泄漏应进行处理后，再重新检测。

（4）萃取时，塞紧比色管塞，振荡萃取结束后，应检查比色管口是否存在泄漏，若发现泄漏，该萃取样作废，重新取油样进行萃取。

（5）配制标准油用的基础油，要与被测试油尽可能相同。

（6）基础油在高效液相色谱仪中 T501 抗氧化剂的保留时间处不出峰。

（7）标准油应避光保存在棕色瓶中，可以使用 3 个月。

（二）红外光谱法

傅里叶红外光谱仪的排列和工作示意图如图 2-4 所示，在操作中应注意以下四点。

（1）油样液体吸收池在注入油样前应用四氯化碳冲洗干净并吹干。

（2）注入液体吸收池中不得有气泡。

（3）液体吸收池的池窗要擦拭干净，避免影响测定结果。

（4）油样测定与绘制标准曲线所用的应是同一个液体吸收池。

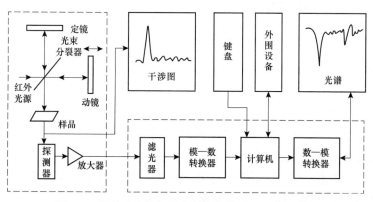

图 2-4 傅里叶变换红外光谱仪的排列和工作示意图

第八节 油品空气释放值检测技术

一、方法概要

测试方法依据 SH/T 0308—1992《润滑油空气释放值测定法》。

将试样加热到 50℃，通过对试样吹入过量的压缩空气，使试样剧烈搅动，空气在试样中形成小气泡，即雾沫空气。停气后记录试样中雾沫空气体积减到 0.2% 的时间。

二、试验目的

在油中的空气，通常以气泡和雾沫两种形式存在。油中较大气泡能迅速上升到油表面，并形成泡沫，而较小的气泡上升较慢，这种小气泡称为雾沫空气。不论空气是以那种形式存在于油中都会对设备运转带来不良的影响，在油品的技术规范中，一般用空气释放值来表示分离雾沫空气的能力。

三、技术要点

（1）在通气过程中要保持空气温度控制在试验温度的 ±5℃范围内。

（2）对小密度计读数时，若有气泡附在杆上，可以轻微活动密度计，避开气泡然后读数。

（3）从小密度计上读数，读到 0.001g/cm^3，用镊子动小密度计，使其上下移动，静止后再读数一次，两次读数应当一致。

（4）水浴温度应控制在 50℃ ±1℃，油样恒温应以密度计上下移动静止后且读数一致方能开始注入空气。

（5）注入空气期间，密度计应放置在 50℃ 左右环境中保温，空气压力应稳定控制在 19.6kPa。

第九节 油品泡沫特性检测技术

一、方法概要

测试方法依据 GB/T 12579—2002《润滑油泡沫特性测定法》。

试样在 24℃时，用恒定流速的空气吹气 5min，然后静止 10min。在每个周期结束时，分别测定试样中泡沫的体积。取第二份试样，在 93.5℃下进行试验，当泡沫消失后，再在 24℃下进行重复试验。

二、试验目的

抗泡沫性能或起泡性是评定润滑油、液压油生成泡沫的倾向及其稳定性的一项技术指标。对于润滑油、液压油而言，油品中存在泡沫危害很大，常见的是引起机械噪声和振动。

三、技术要点

（1）测试所用的量筒、进气管及扩散头应该清洗干净，并用干燥空气吹干，以去除试验留下的痕量添加剂，否则会影响下次试验结果。

（2）恒温水浴温度及流量计应定期进行校准，水浴温度应恒定在 24℃±1℃、93.5℃±1℃，空气流量应稳定在 94mL/min±5mL/min。

（3）第一次低温测量时应先将油样在 50℃下预热。

（4）扩散头最大孔径不大于 80μm，渗透率在 3000~6000mL/min。

（5）通过气体扩散头的空气要求是清洁和干燥的。

（6）将量筒浸入恒温浴中，至少浸没到 900mL 刻度线，并保证浴液透明且温度稳定在 ±0.5℃。

（7）结果报告应精确到 5mL，并注明程序号以及试样是直接测定还是经过搅拌后测定。当泡沫或气泡层没有完全覆盖油的表面，且可见到片状或"眼镜状"的清晰油品时，报告泡沫的体积为0mL。

第十节　油品老化测定检测技术

一、方法概要

测试方法依据 DL/T 429.6—2015《电力用油开口杯老化测定法》。

将分别装有运行油样、补充油样和混合油样（油样中均含有铜催化剂）的烧杯放入温度为115℃±1℃的老化试验箱内72h，取出后分别对老化后的油样的酸值、油泥等项目进行测试，根据相关油品运行维护管理导则判断是否可以混合使用。

二、试验目的

油在生产使用中，因各种原因会导致油品的损耗，使油箱油位下降，当油位下降到一定程度，就需向油箱中补油。新油与已老化的运行油对油泥的溶解能力是不同的，因此，在向运行油中补加新油或接近新油标准的运行油时，有可能使原运行油中溶解的油泥析出，以致影响汽轮机油的润滑、散热性能。

不同品牌、不同质量等级或不同添加剂类型的设备用油不宜混用，当不得不补加时，应对运行油、补充油和混合油样进行开口杯老化试验。

三、技术要点

（1）试验用的烧杯要洗涤干净，并烘干。

（2）铜丝要打磨干净，并绕成螺旋形，清洗干净后置于滤纸上空气干燥5min后，放入干燥器内，备用。

（3）若采用电热鼓风恒温箱进行试验，则盛油的烧杯在恒温箱里的位置应周期性地更换，每隔 24h 更换一次位置，以减小可能出现的温差影响。

（4）对变压器油取运行油样、补充油样及混合油样 400g ± 0.1g。

（5）对汽轮机油取运行油样、补充油样及混合油样 200g ± 0.1g。

（6）对磷酸酯抗燃油取运行油样、补充油样及混合油样 200g ± 0.1g。

第十一节　油品颜色检测技术

一、方法概要

检测方法依据 DL/T 429.2—2016《电力用油颜色测定法》。

（一）碘色度法

将试油注入比色管中，与规定的标准比色液相比较，以相等的色号及名称表示。如果找不到与试油颜色最相近的颜色，而其介于两个标准颜色之间，则报告两个颜色中较深的一个颜色。

（二）自动三刺激值法

将试样装入玻璃比色皿中，把玻璃比色皿放入自动仪器的测量光路中，测量试样透射比，获得试样在 CIE 标准照明体 C 和 CIE1931 标准色度观察者下的三刺激值，然后由仪器按照相应算式自动转换为 ASTM 色度值。CIE 标准照明体 C 是指由 CIE（国际照明委员会，International Commission on illumination）规定的入射在物体上的一个特定的相对光谱功率分布，相关色温约 6774K 的平均昼光。CIE 1931 标准色度观察者是指一种假想的观察者，这种观察者的色度特性与 XYZ 色度系统中的色匹配函数 $\bar{x}(\lambda)$，$\bar{y}(\lambda)$，$\bar{z}(\lambda)$ 一致。三刺激值是指在三色系统中，与待测色刺激达到色匹配所需的三种参照色刺激的量，在 CIE1931 标准色度系统中，用 X、Y、Z

表示三刺激值。ASTM 色度是用于表示液体石油产品颜色的一种通用量度，范围为 0.5（最浅）~8.0（最深）。

二、试验目的

电力用油的颜色的深浅是由所含的物质决定的。通过颜色的测定可以判断油中除去沥青、树脂及其他染色物质的程度，即可判断油的精制程度。同时根据油品在运行中颜色的变化，可以判断油质变坏的程度和设备是否存在内部故障。

三、技术要点

（一）碘色度法

（1）比色管要清洗干净，避免影响颜色判定。

（2）如果试油颜色居于两个标准比色管的颜色之间，则报告较深的色号，并在色号前面加"小于"。

（二）自动三刺激值法

（1）三刺激值色度仪应具有 CIE 标准照明体 C 和 CIE1931 标准色度观察者，将样品透射比转换成三刺激值（CIE XYZ）的能力，透射比与 CIE 三刺激值的转换应符合 ASTME 308 要求。

（2）观察试样颜色，如果试样不清晰，可把样品加热到高于浊点 6℃以上至浑浊消失，然后在该温度下测其颜色。

（3）如果试样浑浊，含有颗粒物，可用多层的定性滤纸过滤，直至透明后再测定。

（4）如果试样中存在气泡，可将其置于超声波清洗器浴槽中振荡脱气再测定。

（5）如果试样的颜色比 ASTM 8 号标准颜色更深，则将 15 份样品加入 85 份体积的稀释剂混合后，测定混合物的颜色。

（6）观察比色皿透光部分，表面应光洁、无油污、无划痕。如果比色皿透光部分有污渍，应用石油醚或其他溶剂冲洗并干燥。如果污渍用溶剂除不掉，可用盐酸、水和乙醇（1∶3∶4）混合溶液泡洗，泡洗时间应不超过 10min，再用蒸馏水、石油醚或其他溶剂冲洗并干燥。

（7）将试样装入比色皿 2/3 高度，装入过程中不应产生气泡，然后将比色皿放入仪器样品槽中。比色皿放置时不应接触槽壁，宜留有 1mm 及以上距离。

第十二节　油中机械杂质检测技术

一、方法概要

测试方法依据 GB/T 511—2010《石油和石油产品及添加剂机械杂质测定法》。

油中的机械杂质，是指存在于油品中所有不溶于溶剂（汽油、苯）的沉淀状态或悬浮状态的物质。称取一定量的油样，溶于所用的溶剂中，用已恒重的滤纸或微孔过滤器过滤，被留在滤纸或过滤器上的杂质进行烘干和称重即可得到油中机械杂质含量。计算公式如下：

$$x = \frac{(m_2 - m_1) - (m_4 - m_3)}{m} \times 100\%$$

式中　x——试样的机械杂质含量，%；

m_1——滤纸和称量瓶的质量（或微孔玻璃滤器的质量），g；

m_2——带有机械杂质的滤纸和称量瓶的质量（或带有机械杂质的微孔玻璃滤器的质量），g；

m_3——空白试验过滤前滤纸和称量瓶的质量（或微孔过滤器的质量），g；

m_4——空白试验过滤后滤纸和称量瓶的质量（或微孔过滤器的质量），g；

m——试样的质量，g。

二、试验目的

油中机械杂质主要来源于外界的污染或外加添加剂等，绝缘油中如含有机械杂质，会引起油质的绝缘强度、介质损耗因数及体积电阻率等电气性能变坏，威胁电气设备的安全运行。润滑油中如含有机械杂质，特别是坚硬的固体颗粒，可引起调速系统卡涩、机组的转动部位磨损等潜在故障，威胁机组的安全运行。检测油中机械杂质是运行中油品的质量控制指标之一。

三、技术要点

（1）新的微孔玻璃滤器在使用前需以铬酸洗液处理，然后以蒸馏水冲洗干净，置于干燥箱内干燥后备用。在做过试验后，应放在铬酸洗液中浸泡 4~5h 后再以蒸馏水洗净，干燥后放入干燥器内备用。

（2）当试验中采用微孔玻璃滤器与滤纸所测结果发生争议时，以用滤纸过滤的测定结果为准。

（3）试样的溶液应趁热用恒重好的滤纸过滤，该滤纸安置在固定于漏斗架上的玻璃漏斗中。溶液沿着玻璃棒倒在滤纸上，过滤时倒入漏斗中溶液高度不得超过滤纸的 3/4。

（4）试样含水，较难过滤时，将试样溶液静置 10~20min，然后向滤纸中倾倒澄清的溶剂油（或苯）溶液。此后向烧杯的沉淀物中加入 5~10 倍的乙醇 – 乙醚混合液，再进行过滤。

（5）在测定添加剂或含添加剂润滑油的机械杂质时，常有不溶于溶剂油和苯的残渣，可用热的乙醇 – 乙醚混合液或乙醇 – 苯混合液冲洗残渣。

（6）如果机械杂质的含量不超过石油产品或添加剂的技术标准的要求范围，第二次干燥及称量处理可以省略。

（7）使用滤纸时，必须进行溶剂的空白试验补正。

第十三节　油品颗粒度检测技术

一、方法概要

测试方法依据 DL/T 432—2018《电力用油中颗粒度测定方法》。此方法适用于磷酸酯抗燃油、涡轮机油、变压器油及其他辅机用油颗粒度测定。

目前常用的油品颗粒度的测定方法为自动颗粒计数法。自动颗粒计数法是依据遮光原理来测定油的颗粒污染度。当油样通过传感器时，油中颗粒会产生遮光，不同尺寸颗粒产生的遮光不同，传感器将所产生的遮光信号转换为电脉冲信号，再划分为标准设置好的颗粒度尺寸范围内并计数。激光粒径测试原理如图 2-5 和图 2-6 所示。

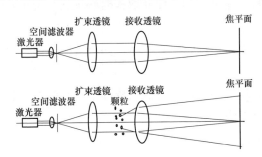

图 2-5　激光粒度工作原理示意图

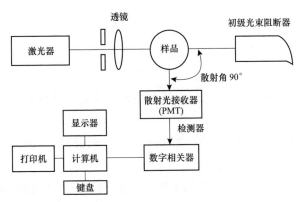

图 2-6　颗粒度测试仪原理流程示意图

二、试验目的

油品的清洁度是保证汽轮机组安全运行的必要条件，加强对油品清洁度的监督检测十分重要。在润滑、液压调速共用的汽轮机油系统中，固体颗粒会使液压调速特性恶化，导致事故发生。固体颗粒的存在也会造成轴承、轴颈的表面磨损划伤，导致轴承承载能力降低和温度上升，严重时可能造成熔化轴瓦事故。微小的固体金属颗粒对油品具有一定的催化作用，加速油品的老化，影响油品的理化性能。

三、技术要点

（1）取样要具有代表性。油品中的固体颗粒因重力下降，易造成油品中颗粒分布不均匀，因此取样时必须在系统正常循环流动的状态下，从冷油器取样。

（2）用正确的方法采集样品，防止空气、取样阀门等外界污染。

（3）实验环境要达标，仪器的校准、样品的准备和测试应在洁净室中或净化工作台上进行。

（4）用于清洗仪器和玻璃仪器皿用的清洁液，每 100mL 中粒径大于 5μm（ISO 4402 校准）/6μm（ISO 11171 校准）的颗粒不得多于 100 粒。

（5）用于稀释样品及检验取样瓶用的清洁液，每 100mL 中粒径大于 5μm（ISO 4402 校准）/6μm（ISO 11171 校准）的颗粒不得多于 50 粒。

（6）取样瓶的颗粒度应比被取油样至少低三级或颗粒数不超过 100 粒。

（7）矿物油宜选用石油醚或石油醚 – 异丙醇混合液，磷酸酯抗燃油宜选用甲苯作为清洗液。

（8）测定前要充分摇动油样使颗粒分布均匀，以防止容器内样品因颗粒沉积造成分布不均匀。

（9）测试前应用合适的清洁液冲洗传感器和整个测试管路。

（10）若油样不透明或有轻微乳化现象，应预先将油样加热至75~80℃，并恒温不少于30min，使油样透明后才可进行测试。

（11）若油样有明显的乳化现象（用加热方法无法消除乳化现象），应预先向油中加入一定量适宜的清洁液，使油样透明后才可进行测试。

（12）被测油样的黏度过大，进入仪器传感器的油达不到额定流量或者油样的颗粒度浓度超过了传感器允许的极限值，应稀释油样后，重新脱气、测量。选择的稀释液要与被测油样互溶，并且稀释液不能溶解或凝聚油样中的污染颗粒。矿物油宜选用石油醚作为稀释液，抗燃油宜选用甲苯作为稀释液。

（13）当被测油样的黏度过大时，可采用热水浴加热油样，以便降低油样的黏度。热水浴的温度最好不超过80℃。

第十四节　油泥析出检测技术

一、方法概要

测试方法依据 DL/T 429.7—2017《电力用油油泥析出测定方法》。

油泥是指油中不溶于正戊烷但溶解于甲苯的物质。当用于定性时，将试油注入规定的容器中，用正戊烷稀释，静置一定时间后，观察有无沉淀析出。当用于定量分析时，将试油与正戊烷混合，用定量滤纸过滤恒重，得到正戊烷不溶物。将上述滤纸用甲苯 – 乙醇混合液洗涤、干燥并称重得到甲苯不溶物。正戊烷不溶物质量减去甲苯不溶物质量得到油泥析出质量。本方法适用于变压器油、汽轮机油、磷酸酯抗燃油油泥析出的测定。

二、试验目的

油泥是油样油品受外界因素和内在原因自身氧化或外部杂质溶解于油中而产生的。初期阶段油泥在油中呈溶解状态，只是油颜色加深。当油质劣化到一定程度就油泥沉析出来，或加一定量有机溶剂（无芳烃正庚烷或石油醚）也会析出来，此时说明油品有变质迹象。油泥的沉积将会影响设备的散热性能，同时还给固体绝缘材料的寿命带来严重影响，导致绝缘性能下降和绝缘劣化。应采取处理措施，避免油泥沉积在设备内，形成危害。同时对于大于 5% 的比例混油时，必须进行油泥析出试验。

三、技术要点

（一）定性法

（1）油样要充分摇匀，直到所有的沉淀物都均匀悬浮在油中。

（2）量筒要清洗干净，无污渍和水渍。

（3）用正戊烷稀释至刻度线后，要盖紧瓶塞。

（4）在暗处 24h 后，取出在光线充足的地方观察有无沉淀析出。

（二）定量法

（1）滤纸和称量瓶在烘箱中干燥后取出，要放在干燥器中冷却后再称重，精确到 0.0002g。

（2）试油与正戊烷要充分摇匀后进行过滤，并用正戊烷少量多次地洗涤滤纸直至滤纸无油迹。

（3）试验中要用热的（约 50℃）的甲苯 – 乙醇混合液溶解滤纸上的沉淀物，直至过滤液清亮，滤纸边缘无油泥痕迹为止。

（4）测试时应同时进行溶剂的空白试验。

第十五节 体积电阻率检测技术

一、方法概要

测试方法依据 DL/T 421—2009《电力用油体积电阻率测定法》。该方法适用于抗燃油、绝缘油体积电阻率的测定。

液体内部的直流电场强度与稳态电流密度的商称为液体介质的体积电阻率，通常用 ρ 表示。

$$\rho = \frac{\dfrac{U}{L}}{\dfrac{I}{S}} = \frac{U}{I} \times \frac{S}{L} = R \times K$$

$$K = \frac{S}{L} = \frac{S}{\varepsilon \times \varepsilon_0}\left(\varepsilon \times \varepsilon_0 \times \frac{S}{L}\right) = 0.113 \times C_0$$

式中　ρ ——被试液体的体积电阻率，$\Omega \cdot m$；

　　　R ——被试液体的体积电阻，Ω；

　　　U ——两电极间所加直流电压，V；

　　　I ——两电极间流过直流电流，A；

　　　S ——电极面积，m^2；

　　　L ——电极间距，m；

　　　S ——电极常数（S/L），m；

　　　ε ——空气的相对介电常数；

　　　ε_0——真空介电常数（8.85×10^{-12}），$A \cdot s/(V \cdot m)$；

　　　C_0——空电极电容，pF。

液体的体积电阻率测定值不仅与液体介质性质及内部溶解导电粒子有关，还与测试电场强度、充电时间、液体温度等测试条件因素有关。因此，除特别指定外，电力用油体积电阻率是指"规定温度下，测试电场强度为 250V/mm ± 50V/mm，充电时间 60s"的测定值。

二、试验目的

油品的体积电阻率在某种程度上能反映出油的老化和受污染的程度，是鉴定油质的绝缘性能的重要指标之一。抗燃油的介电性能主要用电阻率来表示。在汽轮机电液调节系统中，电阻率过低，一方面可造成系统的控制失灵，另一方面还会引起系统的电化学腐蚀，导致伺服阀等部件的损坏。

三、技术要点

（1）测试使用的油杯应专用，并清洗干净。

（2）电极杯清洁度影响测试结果。洁净电极杯的绝缘电阻应大于 $3 \times 10^{12} \Omega$。

（3）电极杯的控温精度为 $\pm 0.5 ℃$，达到设置温度时间不大于 15min。

（4）抗燃油体积电阻率的测定应在 20℃ 条件下，绝缘油应在 90℃ 条件下。温度对测定结果的影响很大，因此必须将温度恒定在规定值。

（5）电场强度对体积电阻率有很大的影响，必须保证体积电阻率在电场为 250V/mm ± 50V/mm、充电时间为 60s 的规定值下测试。

（6）测定的油样应预先混合均匀，注入油杯的油样不能有气泡。

（7）体积电阻率与施加电压的时间有关，因此应按规定时间进行施加。

第十六节　氧化安定性检测技术

一、方法概要

测试方法依据 SH/T 0193—2008《润滑油氧化安定性的测定　旋

转氧弹法》。

将试样、水、铜催化剂放入一个带盖的玻璃盛样器内，置于氧压力容器（氧弹）中，氧弹充入620kPa的氧气，放入规定的恒温浴（绝缘油140℃、汽轮机油150℃）中。氧弹与水平面成30°，以100r/min的速度轴向旋转。试验达到规定的压力降所需的时间即为试样的氧化安定性。同时该方法可在140℃条件下，适合评定含有2, 6-二叔丁基对甲酚和2, 6-二叔丁基苯酚抗氧化剂的新矿物绝缘油的氧化安定性，不适合测定40℃时黏度大于12mm²/s的含抗氧化剂的矿物绝缘油。

二、试验目的

氧化安定性是表征油的抗氧化能力及长期运行的稳定性的重要性能指标。油的抗氧化能力随着运行时间的延长而下降，这是由于添加的抗氧化剂在运行中被消耗，因此应及时进行抗氧化剂的补加，并进行氧化安定性试验。

测定油的氧化安定性可以判断油在使用过程中的氧化倾向，评估运行油的剩余氧化试验寿命。避免设备使用抗氧化安定性差的油，造成油容易被氧化，产生较多的有机酸、胶质、沥青质和油泥等氧化产物，导致设备中的导体和绝缘材料被腐蚀、线圈冷却通道被堵塞，造成设备过热，严重威胁设备安全运行。

三、技术要点

（1）催化剂对试验结果有明显影响。试验时，应确认催化剂铜丝的规格、质量必须满足要求。铜丝磨好后，需用清洁、干燥的布把铜丝上的磨屑擦干净。

（2）由于试验温度高，氧弹上的密封圈容易老化，安装前应检测密封圈，判断是否需要更换。

（3）温度对油的氧化过程的速度影响很大，试验温度应严格控制在规定的范围之内，高于规定温度则会加快油的氧化速度；反之，油的氧化速度减慢。汽轮机油为150℃，绝缘油为140℃。

（4）试验中应精确控制氧气流速，定时检查氧气是否符合要求。

（5）所加入的铜丝催化剂的尺寸大小、材质纯度以及处理方法应符合要求，否则会影响油的氧化反应速度，使试验结果不准确。

（6）铜丝催化剂线圈若需要存储较长时间，可将线圈放在干燥的惰性气体中备用；过夜储存（小于24h），可将线圈置于正庚烷中。

（7）测试完毕后氧弹和玻璃容器要采用合适的溶液清洗干净。

第十七节   油品闪点检测技术

一、方法概要

绝缘油的测试方法依据GB/T 261—2008《闪点的测定　宾斯基—马丁闭口杯法》。润滑油、抗燃油和齿轮油的测试方法依据GB/T 3536—2008《石油产品闪点和燃点的测定　克利夫兰开口杯法》。

闪点是指在规定试验条件下，试验火焰引起试样蒸气着火，并使火焰蔓延至液体表面在101.3kPa大气压下的最低温度。测试方法是将样品倒入试验杯中，在规定的速率下连续搅拌，并以恒定速率加热样品。以规定的温度间隔，在中断搅拌的情况下，将火源引入试验杯开口处，使样品蒸气发生瞬间闪火，且蔓延至液体表面的最低温度，此温度为环境大气压下的闪点，再用公式修正到标准大气压下的闪点。

二、试验目的

闪点是保证变压器油在储存和使用过程中安全的一项指标，通过闪点的测定可以及时发现设备的故障。同时对新充入设备及检修处理后的变压器油来说，测定闪点也可防止或发现是否混入了轻质馏分的油品，从而保障设备的安全运行。汽轮机油长期在高温下运行，应安全稳定可靠。一般，闪点越低，挥发性越大，安全性越小，故将闪点作为运行控制指标之一。

三、技术要点

（1）仪器应放置在无空气流的房间，平稳的台面上。

（2）若样品产生有毒的蒸气，应将仪器放置在能单独控制空气流的通风柜中，通过调节使蒸气可以被抽走，但空气流不能影响试验杯上方的蒸气。

（3）试验杯、试验杯盖及其他附件应除去试验留下的所有残渣痕迹，清洗干净。

（4）试样油应倒入试验杯至加料线位置。液面以上的空间容积与试样油的量有关，会影响油蒸气和空气混合的浓度，从而影响测试结果的准确性。

（5）记录火源引起试验杯内产生明显着火的温度，作为试样油的观察闪点，不要把在真实闪点到达之前出现在试验火焰周围的淡蓝色光轮当成真实闪点。

（6）观察闪点与最初点火温度的差值应在18~28℃范围内，超出则认为无效。

（7）结果报告修正到标准大气压（101.3kPa）下的闪点，精确到0.5℃。

第三章 变压器油检测技术

变压器油主要用于变压器、电抗器、互感器和套管等电气设备，具有绝缘、冷却、灭弧及对绝缘材料保护等作用。变压器油的质量运行监督和维护尤为重要，通过分析变压器油的相关检测项目，保证设备健康运行，为状态检修提供依据。本章重点介绍了变压器油相关检测项目的检测依据、试验目的、操作要点及注意事项等，包括击穿电压、介质损耗因数、腐蚀性硫、糠醛、油结构组成、水溶性酸、闭口闪点和气体组分含量等。

第一节 界面张力检测技术

一、方法概要

测试方法依据 GB/T 6541—1986《石油产品油对水界面张力测定法（圆环法）》。

界面张力是通过一个水平的铂丝测量环从界面张力较高的液体表面拉脱铂丝圆环，也就是从水油界面将铂丝圆环向上拉开所需的力。在计算界面张力时，所测得的力要用一个经验测量系数进行修正，此系数取决于所用的力、油和水的密度以及圆环的直径。测量是在严格、标准化的非平衡条件下进行，即在界面形成后 1min 内完成此次测定。

二、试验目的

界面张力的测定是检查油中含有因老化而产生可溶性极性杂质的一种间接有效的方法，用来表征油中含有极性组分的影响程度。该指标对油的运行性能没有影响，但可用于判断油处理过程中是否受到污染和运行后的老化程度。

三、技术要点

（1）界面张力仪应安放在无振动，无大的空气流动和腐蚀性气体，平稳坚固的实验台上。

（2）自动界面张力测定仪应定期进行校准检定。

（3）试验前应将铂丝圆环和试验杯清洗干净，以免影响界面张力的测定，导致界面张力数值不准。

（4）试样应按规定预先进行过滤，以防止试样中存有杂质对试验造成影响。试验用水采用蒸馏水。

（5）表面张力与温度有关，测试时油和水的温度要保持在25℃±1℃。

（6）铂丝圆环要保证每一部分均在同一平面上。

（7）测试前需测试蒸馏水的表面张力，测试值在71~72mN/m时，才可将铂金圆环浸入蒸馏水中，浸入5mm深度后，慢慢倒入过滤好的油样。

第二节　水溶性酸检测技术

一、方法概要

测试方法依据 GB/T 7598—2008《运行中变压器油水溶性酸测定方法》。

运行中变压器油的水溶性酸的测定是在实验条件下，将油样与等体积的蒸馏水混合后，取其水抽出液部分，通过比色、酸度计法或海利奇比色测油中水溶性酸，结果用 pH 值表示。

二、试验目的

石油产品的水溶性酸的存在，在生产、使用或储存时，能腐蚀与其接触的金属部件，会促使油品老化，降低油的绝缘性能。油中水溶性酸对变压器的固体绝缘材料老化影响很大，会直接影响着变压器的使用寿命，因此必须对新油和运行中油的水溶性酸进行监控。

三、技术要点

（一）比色盒法

（1）试验用水本身品质对测定结果有明显的影响，煮沸后水的 pH 值应为 6.0~7.0，电导率小于 $3\mu S/cm$（25℃）。

（2）萃取温度直接影响平衡时水中酸的浓度，在不同温度下测定，往往会取得不同的结果，因此应控制温度在 70~80℃。

（3）摇动时间为 5min，时间太短会影响萃取的量。

（4）指示剂本身会有 pH 值，所加入的酚酞、甲基橙、溴甲酚绿等指示剂不能超过规定的量。

（5）pH 标准比色液的有效期为 3 个月，每次配制时，必须采用新配制的 pH 标准缓冲溶液和新配制的指示剂。

（6）试验所用仪器应保持洁净，无污染物残留。

（7）液体在倒入分液漏斗分层后应冷却到室温再进行测定。

（8）重复测定的两个 pH 值结果之差不超过 0.1。

（二）酸度计法

（1）仪器在使用前要开启稳定 30min，按仪器说明书的规定进行调零、温度补偿及满刻度校正。

（2）pH 在定位和复定位电极及测试用的烧杯都应用水冲洗 2 次以上，用干净的滤纸将电极底部的水滴轻轻吸干后再将电极放入放有缓冲液的测试烧杯中进行定位。

（3）复定位后的电极应用水冲洗 2 次以上，再用待测液的下层水溶液冲洗 2 次以上，然后取适量待测水溶液于测试烧杯中，立即将电极浸入测试烧杯中的水溶液中进行测试。

（4）测试完毕后，应将电极用水反复冲洗干净。

（5）重复测定的两个 pH 值结果之差不超过 0.31。

（三）海立奇比色计

（1）当试油的 pH 值大于 5.4，可用溴百里香酚蓝做指示剂。

（2）重复测定的 pH 值之差不超过 ±0.1。

第三节　击穿电压检测技术

一、方法概要

绝缘油击穿电压的测试方法依据 GB/T 507—2002《绝缘油　击穿电压测定法》。

将绝缘油倒入装有一对电极的油杯中，将施加于绝缘油的电压逐渐升高，当电压达到一定数值时，油的电阻突降至零左右，即电流瞬间突增，并伴随有火花或电弧的形式通过绝缘油，此时通常称为油被击穿，油被击穿的临界电压即称为击穿电压。

二、试验目的

击穿电压作为衡量绝缘油电气性能的一个重要指标，可以判断油中是否存在有水分、杂质和导电微粒及其对绝缘油影响严重程度。作为绝缘介质，击穿电压的测定是检验变压器油性能是否适应电场电压强度而不会导致设备损坏的非常重要的一项监督手段。

三、技术要点

（1）电极有球形和半球形两种，球形电极测定结果最高，半球形其次，应根据试验方法按规定选用。

（2）测试仪器的周围应避开电磁场和机械振动。环境应清洁、无干扰、不潮湿、防止灰尘、杂质进入油杯，试验温度和环境温度之差不大于 5℃。

（3）电极间距离为 2.5mm ± 0.05mm，要用标准规校准。电极距离过小容易击穿，测定结果偏低。反之，测定结果偏大。

（4）试样要有代表性，油中有水分及其他杂质时则对击穿电压有明显影响，所以试样一定要摇荡均匀后注入油杯。

（5）在装样操作时不许用手触及电极、油杯内部和试油。

（6）试验仪器未放置油样，切勿升压。

（7）试样杯不用时应保存在干燥的地方并加盖，杯内装满的干燥合格的绝缘油，保持油杯不受潮。

（8）每次试验时应检查电极间距离是否变化，电极表面有无发暗现象，若有需对电极进行处理。

（9）试验数据分数性大，其原因是引起击穿过程的影响因素比较多，因此，试验方法中规定取 6 次平均值作为试验结果。

第四节　介质损耗因数检测技术

一、方法概要

测试方法依据 GB/T 5654—2007《液体绝缘材料　相对电容率、介质损耗因数和直流电阻率的测量》。

介质损耗因数又称介质损耗角正切。在交变电场作用下，电介质内流过的电流可分为两部分：无能量损耗的无功电容电流、有能量损耗的有功电流，它们的合成电流与交流电压之间的相角的余角即为绝缘材料的介质损耗角。

二、试验目的

介质损耗因数对判断变压器绝缘特性的好坏有着重要的意义，同时还可以判断新油的精制、净化程度，运行中油的老化深度及是否含有污染物质和极性杂质，是评定绝缘油的电气性能的重要指标之一。

三、技术要点

（1）通电前仪器必须可靠接地。在试验地点周围，应无电磁场和机械振动的干扰。

（2）水分是影响介质损耗因数的因素之一，在测定时要保证油杯干燥，样品未受潮。

（3）介质损耗因数对温度的变化很敏感，因此需要在足够精确的温度条件下进行测量。

（4）注入油杯内的试油，应无气泡及其他杂质。

（5）油杯温度较高，注油及排油时注意不要触碰油杯，防止高温烫伤。

（6）试验池的材料应能经受起所要求的温度，电极的中心对准并应不受温度变化的影响。

（7）对试油施加电压进行升压过程中不应有放电现象。

（8）试验应 90℃下进行。

（9）取样应具有代表性，取样时应将容器倾斜并缓慢的旋转液体几次，以使试样均匀。

（10）经常试验时，试验池应用清洁绝缘油进行保存。停用试验时应将试验池清洗、干燥并装配好，存放在干燥无尘的容器中。

第五节　腐蚀性硫检测技术

一、方法概要

目前电力用油常用的腐蚀性硫的测试方法主要有两种：

（1）依据 GB/T 25961—2010《电器绝缘油中腐蚀性硫的试验法》。将处理好的铜片放入盛有 220mL 绝缘油的密封厚壁耐高温试验瓶中，在 150℃下保持 48h，试验结束后观察铜片的颜色变化，来判断绝缘油中是否含有腐蚀性硫。

（2）依据 DL/T 285—2012《矿物绝缘油腐蚀性硫检测法　裹绝缘纸铜扁线法》。将 15mL 油样装入 20mL 顶空瓶里，放入规定尺寸的包裹一层绝缘纸的铜扁线，密封后在 150℃±2℃下进行 72h 试验，观察铜扁线的表面变化情况来确定油中是否含有腐蚀性硫。

二、试验目的

某些活性硫化物对铜、银（开关触头）等金属表面具有很强的腐蚀性，特别是在温度作用下，能与铜导体化合形成硫化铜侵蚀绝缘纸，从而降低绝缘强度。因此，变压器油中必须控制腐蚀性硫的存在。

三、技术要点

（一）铜片法

（1）试验所用的铜片必须清洗干净，在烘箱中干燥后立即取出并浸泡在试样中，不能用压缩空气或惰性气体吹干铜片。

（2）油样不应过滤。

（3）制备好的铜片应以长边缘着地立着放于瓶底，以避免铜片接触瓶底。

（4）温度对测试结果影响很大，必须保证试验温度在 150℃±2℃范围内。

（5）当试验瓶冷却到室温后使用镊子小心取出铜片，用丙酮或其他适合的溶剂清洗铜片并在空气中晾干，不应用压缩空气吹干。

（6）若铜片表面有边线或不清洁，用干净的滤纸用力擦拭其表面，只要有沉淀物脱落，即为腐蚀。

（二）裹绝缘纸铜扁线法

（1）试验采用的扁铜线和绝缘纸应符合标准要求。

（2）在剥绝缘纸的过程中不应用手直接接触试验用扁铜线。

（3）当两个平行样中的铜或绝缘纸，或者两者都被观察认为具有腐蚀，应判断此油具有潜在的腐蚀性。当两个平行样的铜和绝缘纸被观察认为是非腐蚀，则此油是非腐蚀性的。

（4）若在绝缘纸的检验结果中存在任何疑点，都应该用其他方法（扫描电镜—能量色散 X 射线）来分析沉淀物的组成。

第六节　糠醛含量检测技术

一、方法概要

测试方法依据 DL/T 1355—2014《变压器油中糠醛含量测定　液相色谱法》。

测试油中糠醛含量的方法是采用极性有机萃取剂萃取出变压器油中的糠醛，在采用液相色谱柱分离萃取液中的糠醛，用紫外检测器检测糠醛含量。

二、试验目的

糠醛是绝缘纸降解产生的最主要特征液体分子，可一定程度反映固体绝缘材料的老化程度。因此电力行业将糠醛含量作为运行中的变压器绝缘纸是否降解的主要参考指标，并作为变压器油验收重要内控项目来检测。

三、技术要点

（1）用新变压器油配制标准样品，新变压器油应在高效液相色谱仪中糠醛的保留时间处不出峰。

（2）储备溶液和标准溶液应避光保存于棕色瓶中，储备溶液有效期为 3 个月，如保存不当，标准溶液容易变质，应采用新近配制的标准溶液。

（3）紫外检测器的检测波长应设置为274nm。

（4）启动高压泵前，应先对流动相进行超声波脱气，然后将连接泵和流动相软管中的气泡排出，避免气泡进入高压泵中。启动高压泵后，试验过程中需避免流动相中产生气泡。

（5）如流动相的过滤器被污染，试验过程中容易产生气泡，应定期将流动相的过滤器浸入甲醇中超声波清洗20min，或浸入20%硝酸溶液中超声波清洗20min，再浸入蒸馏水中超声波清洗20min，保持其表面清洁。

（6）进样时，进样注射器中不能含有气泡。

（7）如待测油样在糠醛保留时间处有干扰峰，应改变流动相甲醇和水的比例，对标准样品和测试样品重新测试，消除干扰峰对测试结果的影响。

第七节　溶解气体组分含量及含气量检测技术

一、方法概要

变压器油中的溶解气体的测试方法依据 GB/T 17623—2017《绝缘油中溶解气体组分含量的气相色谱测定法》、含气量的测试方法依据 DL/T 703—2015《绝缘油中含气量的气相色谱测定法》。

变压器油中的溶解气体是指变压器内以分子状态溶解在油中的气体，主要有 N_2、O_2、H_2、CH_4、C_2H_2、C_2H_4、C_2H_6、CO、CO_2 等。利用气体试样中各组分在色谱柱中的分配比不同，由载气把气体试样带入色谱柱中进行分离，并通过检测器检测各气体组分，根据各组分的保留时间和响应值定性、定量分析油中溶解气体组分含量及含气量。油中溶解气体分析结果以温度20℃、101.3kPa 压力下，每升油中所含各气体组分的微升数（μL/L）表示。气相色谱工作原理如图 3-1 所示。

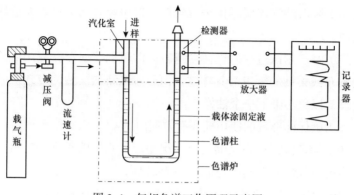

图 3–1 气相色谱工作原理示意图

二、试验目的

多年的实践证明，绝缘油中溶解气体气相色谱分析法对检测运行中的充油电气设备潜伏性故障，具有独特的优越性，是一种重要的绝缘监督技术手段，对于保证安全发供电、防范事故于未然的作用极为重要。通过测定变压器油中的溶解气体组分可以对设备内部故障进行判断，不同的故障产气的情况也不同，以此来判断变压器的故障点。

三、技术要点

（1）机械振荡法用 100mL 玻璃注射器，应校正 40.0mL 的刻度。

（2）采用 100mL 玻璃注射器抽取油样操作过程中，应注意防止空气进入油样注射器内。

（3）加平衡载气时，缓慢将氮气（或氩气）注入有试油的注射器内，加载时间控制在 45s 左右，否则会对测试结果造成很大影响。

（4）为使平衡气完全转移不吸入空气，应采用微正压法转移，即微压注射器 B 的芯塞，使气体通过双头针头进入注射器 A。不允许使用抽拉注射器 A 芯塞的方法转移平衡气。

（5）气体自油中脱出后应尽快转移到玻璃注射器中，以免发生回溶而改变其组成。

（6）脱出的气体应尽快进行分析，避免长时间储存，而造成气体逸散。

（7）对于测试过故障气体含量较高的玻璃注射器，应用清洁干燥的棉布或柔韧的纸巾对其擦拭，而后注入新油清洁的方式及时进行处理，以免污染下一个油样。

（8）确保标准气的使用期在有效期内。

（9）标定仪器应在仪器运行工况稳定且相同的条件下进行，两次标定的重复性应在其平均值的 ±2% 以内。

（10）要使用标准气对仪器进行标定。标准气要用进样注射器直接从标准气瓶中取气，而不能使用从标准气瓶中转移出的标准气标定，否则影响标定结果。

（11）进样操作前，应观察仪器稳定状态，只有仪器稳定后，才能进行进样操作。

（12）进油样前，要反复抽推注射器，用空气冲洗注射器，然后再用样品气冲洗，以保证进样的真实性，以防止标准气或其他样品气污染注射器，造成定量计算误差。

（13）样品分析应与仪器标定使用同一支进样注射器，取相同进样体积。

（14）进样前检验密封性能，保证进样注射器和针头密封性，如密封不好应更换针头或注射器。

第四章 涡轮机油检测技术

涡轮机油主要用于汽轮机发电机组、水轮机组及调相机的油系统，起润滑、液压调速、冷却散热和密封等作用。为了充分发挥涡轮机油的作用，防止运行中油质的老化，延长油质的使用寿命，必须对油质进行运行监督检测。本章重点介绍了涡轮机油相关检测项目的检测依据、试验目的、操作要点及注意事项等，包括破乳化度、液相锈蚀、泡沫特性等。其他通用检测项目见本书第二章。

第一节 破乳化度检测技术

一、方法概要

测试方法依据 GB/T 7605—2008《运行中汽轮机油破乳化度测定法》。

在量筒中装入 40mL 油样和 40mL 蒸馏水，并在 54℃±1℃下搅拌 5min 形成乳化液，测定乳化液分离（即乳化层的体积不大于 3mL 时）所需的时间。静止 30min 后，如果乳化液没有完全分离，或乳化层没有减少为 3mL 或更少，则记录此时油层、水层和乳化层的体积。

二、试验目的

汽轮机油在使用过程中不可避免要与水或水蒸气相接触，若形成乳浊液的汽轮机油进入润滑系统将造成许多危害：如在轴承处乳浊液析出水时，破坏了汽轮机油的润滑作用，增大了部件间的摩擦，引起局部过热，以致损坏机件；如乳浊液沉积于油循环系统的某一部位，易引起部件的锈蚀。

三、技术要点

（1）测试试管清洗干净（用洗涤剂、铬酸、蒸馏水等）直至壁不挂水珠。

（2）油样应恒温至少 20min，水浴温度应稳定在 54℃±1℃。

（3）用竹镊子夹着蘸有石油醚的脱脂棉将搅拌桨擦净，风干。

（4）当油、水分界面的乳化层体积减至不大于 3mL 时，即认为油、水分离，停止秒表计时。

（5）当乳化层界面不整齐时，应以平均值计。

（6）如果计时超过 30min，油、水分界面间的乳化层体积依然大于 3mL 时，则停止试验，该油的破乳化度时间记为大于 30min，然后分别记录此时油层、水层和乳化层的体积。

（7）没有明显的乳化层，只有完全分离的上下两层时，则从停止搅拌到上层体积达到 43mL 时所需的时间记为该油样的破乳化度时间，上层认定为油层。

（8）没有明显的乳化层，只有完全分离的上下两层时，从停止搅拌开始，计时超过 30min，上层体积依然大于 43mL，则停止试验，该油的破乳化时间记为大于 30min，上层认定为乳化层，然后分别记录此时水层和乳化层的体积。

（9）当破乳化时间在 0~10min 时，两次平行测定结果的差值不大于 1.5min；当破乳化时间在 11~30min 时，两次平行测定结果的差值不大于 3.0min。

第二节　液相锈蚀检测技术

一、方法概要

测试方法依据 GB/T 1143—2008《加抑制剂矿物油在水存在下防锈性能试验法》。

将300mL试样和30mL蒸馏水或合成海水混合，把圆柱形的试验钢棒全部浸在其中，在60℃下进行搅拌，建议试验周期为24h，也可根据合同双方的要求，确定适当的试验周期，试验周期结束后观察试验钢棒锈蚀的痕迹和锈蚀的程度。本方法还适用于液压油和循环油等其他油品及比水密度大的液体及新油品规格指标测定及监测正在使用的油品。

二、试验目的

汽轮机在运行条件下，润滑油中可能会混入水分，导致汽轮机中的铁部件生锈，严重时会造成调速系统卡涩、机组磨损、振动等不良后果。为此要求汽轮机油有一定的防锈性能，可通过液相锈蚀试验来鉴别汽轮机油防锈性能的好坏，防止汽轮机锈蚀。

三、技术要点

（1）试棒可以重复使用，但其直径不得小于9.5mm。

（2）用过的试棒，下次再使用时，一定要按要求重新处理。

（3）严格按试验条件进行，特别注意试样温度应控制在60℃±1℃。

（4）未加防锈剂的油样，可以不做液相锈蚀试验。

（5）进行试棒处理后不得用手摸，或接触其他脏物。

（6）搅拌器安装牢固，搅拌浆位置正确。

（7）为了报告某种试样合格与否，必须进行平行试验。两根试验钢棒均无锈蚀，则试样为"合格"。

（8）如两根试验钢棒均锈蚀，则试样为"不合格"。如一根试验钢棒锈蚀，另外一根不锈蚀则应再取两根试验钢棒重新做试验。如重做的两根试验钢棒中任何一根出现锈蚀，则应报告该试样"不合格"；如重做的两根试验钢棒都没有锈蚀，则应报告该试样为"合格"。

第五章　磷酸酯抗燃油检测技术

抗燃油作为液压工作介质已广泛用于汽轮机组调节系统，起传递能量、润滑机械、密封间隙、减少摩擦和磨损、防止机械锈蚀和腐蚀、冷却、冲洗等作用。为保障发电机组的安全运行，对磷酸酯抗燃油的性能进行监督检测至关重要。本章重点介绍了抗燃油相关检测项目的检测依据、试验目的、操作要点及注意事项，包括自燃点、矿物油含量、氯含量等。

第一节　自燃点检测技术

一、方法概要

测试方法依据 DL/T 706—2017《电厂用抗燃油自燃点测定方法》。

用注射器将 0.07mL 的待测试样快速注入加热到一定温度的 200mL 开口耐热锥形烧瓶内，当试样在烧瓶里燃烧产生火焰时，表明试样发生了自燃，若在 5min 内无火焰产生，则认为在该温度下试样没有发生自燃。发生自燃现象时的最低温度，即为被测试样的自燃点。

二、试验目的

自燃点是评价抗燃油性能的一项最重要的指标。汽轮机液压调节系统之所以用成本较高的合成抗燃油取代传统的矿物汽轮机油，主要是因为抗燃油的自燃点高，可以大幅度地降低因油泄露而引起火灾的危险性。如果运行中自燃点降低，说明抗燃油被矿物油或其他易燃液体污染，应迅速查明原因。

三、技术要点

（1）测点应分别位于三角瓶的底部中心、侧壁和上部，且紧贴瓶壁。

（2）耐热锥形烧瓶三个测试点的温度相差在1℃以内。

（3）耐热锥形烧瓶在使用前应清洗干净。

（4）两次测试结果的重复性应小于10℃。

（5）加热炉升温至预定温度，应稳定（10±1）min。

第二节　矿物油含量检测技术

一、方法概要

测试方法依据DL/T 571—2014《电厂用磷酸酯抗燃油运行维护导则》（附录C）。

将一定量的试样加碱水皂化，然后用石油醚萃取其中的矿物油，蒸出溶剂后称重，计算试样中矿物油含量。本方法适用于磷酸酯抗燃油中矿物油含量的测定。

二、试验目的

抗燃油在运行中被矿物油污染，则自燃点会降低，密度和倾点等指标也会变化。因此如果发现一些测定指标发生变化，应进行矿物油含量的测定，以确认污染源及污染原因，从而采取措施，消除污染，或更换新油。

三、技术要点

（1）在试验前要在锥形瓶中加入瓷片，以防爆沸。

（2）用于盛装萃取后石油醚的150mL烧杯必须清洁，并事先恒重。

（3）回流至少 1h，直到回流液清亮为止，以保证抗燃油完全皂化。

（4）冲洗回流管和将回流液转入分液漏斗的过程中，应保证回流液完全转移。

（5）转移到分液漏斗后需将液体摇匀、静置、每隔 30s 放气一次。

（6）将上层石油醚溶液移入 150mL 烧杯中，静置 5min。

（7）在放气时应将分液漏斗的口部对外侧，避免气体冲出伤及实验人员。

（8）将石油醚溶液倒入称重过的烧杯中，注意不要让残留的水分进入烧杯中。

（9）在通风橱中将石油醚的烧杯放在电热板或水浴上蒸干。

第三节 氯含量检测技术

一、方法概要

目前抗燃油氯含量的检测方法主要有以下两种：

（1）依据 DL/T 1206—2013《磷酸酯抗燃油氯离子测定 高温燃烧微库仑法》。本方法是将盛有样品的石英杯放入石英舟内，用固体进样器送入石英燃烧管，样品在氧气和氮气中燃烧，样品中的氯化物转化为氯离子，并随着气流一起进入滴定池，与滴定池中的银离子反应，消耗的银离子由库伦计的电解作用进行补充，根据消耗的总电量计算样品中的氯含量。

滴定池中的反应如下：

$$Ag^+ + Cl^- \rightarrow AgCl \downarrow$$

上述反应中消耗的银离子由库仑计的电解作用产生，电解阳极反应如下：

$$Ag \rightarrow Ag^+ + e^-$$

（2）依据 DL/T 433—2015《抗燃油中氯含量的测定　氧弹法》。本方法是将抗燃油在规定压力的氧弹中燃烧，燃烧后生成的氯化氢气体被碱性过氧化氢溶液吸收，以二苯偶氮碳酰肼和溴酚蓝作为指示剂，用硝酸汞标准溶液滴定。当过量的硝酸汞所解离出的汞离子与二苯偶氮碳酰肼生成红色的络合物，即为滴定终点，结果以 mg/kg 表示。基本化学反应式为：

$$Hg^{2+}+2Cl^{-} \rightarrow HgCl_2$$

二、试验目的

氯会腐蚀损坏设备材料，当抗燃油的含氯量较高，会加速磷酸酯的降解，并导致不锈钢部件的化学点蚀（如伺服阀的腐蚀），影响系统的安全运行。

三、技术要点

（一）高温燃烧微库仑法

（1）电解液必须测试时现配，且电解池内不能有气泡。正常新装电解液一次只能满足测试 4~5h，超时就必须重新更换。

（2）平衡档偏压偏离较大，要缓慢调解到正常值，才能开始测试。

（3）测试前，应对样品杯进行灼烧，消除样品杯吸附的氯化物对测试的影响。

（4）每次试验都要使用有证标准浓度液体进行校核，如连续进样转化率偏差达不到 100%±20%，应重新清洗电解池及配置新电解液重新填装。

（5）为保证测定结果的准确性，连续测定试样过程中，应每 4h 用标准样品检查系统回收率，系统回收率为 90% 以上。

（6）随时注意添加电解液，调整液面高度在电极上边缘 5~10mm，使滴定池操作平稳。

（二）氧弹法

（1）氧弹不应受燃烧过程中出现的高温和腐蚀性产物的影响，能承受充氧压力和燃烧过程中产生的瞬间高压。

（2）如实验室不具备该水压试验条件应外送检测。氧弹应定期进行水压试验，每次水压试验后，氧弹的使用时间不宜超过2年或1000次。

（3）坩埚在完全燃烧样品时，本身不应被腐蚀。

（4）将点火丝两端与氧弹的两极连接，调节点火丝的位置，使其与样品接触，注意勿使点火丝接触坩埚，以免短路导致点火失败。

（5）缓慢向氧弹中充入氧气，压力要达到3.0MPa。

（6）多次冲洗燃烧用的坩埚、氧弹盖及氧弹内壁，并将每次的冲洗液依次收集到锥形瓶中。

（7）在收集的冲洗液中加入溴酚蓝指示剂3滴，冲洗液呈蓝色或黄色时应对冲洗液进行下列处理。

1）冲洗液呈蓝色时，应用0.1mol/L硝酸中和至冲洗液呈黄色，继续添加少量0.1mol/L硝酸溶液至冲洗液pH值为3~4，再加入二苯偶氮碳酰肼指示剂约0.5mL。

2）冲洗液呈黄色时，用广泛pH试纸测冲洗液的pH值，当冲洗液的pH值为3~4，直接加入二苯偶氮碳酰肼指示剂约0.5mL；当冲洗液的pH值小于3~4，加入少量0.1mol/L氢氧化钠溶液至冲洗液pH值为3~4，再加入二苯偶氮碳酰肼指示剂约0.5mL。

（8）测定前应进行空白试验。

（9）两次测试结果误差应小于6mg/kg。取两次满足重复性要求的测试结果的算数平均值作为报告值。

第六章　齿轮油检测技术

齿轮油主要用于风力发电机组齿轮传动系统，如主齿轮箱、偏航减速箱、变桨减速箱及火力发电厂辅机设备。本章重点介绍了齿轮油检测项目的检测依据、试验目的、操作要点及注意事项，包括金属元素分析、黏度指数、极压性能、四球机试验等。其他通用检测项目见本书第二章。

第一节　金属元素检测技术

一、方法概要

检测方法依据 GB/T 17476—1998《使用过的润滑油中添加剂元素、磨损金属和污染物以及基础油中某些元素测定法（电感耦合等离子体发射光谱法）》。

电感耦合等离子体是由高频电流经感应线圈产生高频电磁场，使工作气体（Ar）电离形成火焰状放电高温等离子体。测试时将一份经过准确称量的充分均匀的试样，以 10 倍质量的混合二甲苯或其他溶剂进行稀释，再以同样的方式制备标准溶液，为了补偿各种试样因导入效应而引起的误差，选择一种内标元素加入试样溶液中，用自由吸入或蠕动泵将试样溶液导入 ICP 仪器装置进行测量。通过比较试样溶液与标准溶液的发射强度，计算试样溶液中被测元素的浓度。

二、试验目的

当使用过的润滑油中的添加剂元素含量与各自的规格有明显的差别时，表明润滑油处于不正确的使用状态。与油中初始金属浓度数据相比较，通过磨损金属浓度可以指示异常机械磨损。因此，通过测定元素浓度可以监测机械设备的运转条件和确定何时需要采取纠正措施。

三、技术要点

电感耦合等离子发射光谱仪（ICP）检测原理：样品通过进样毛细管，经蠕动泵作用进入雾化器化成气溶胶，由载气引入高温等离子体激发并产生辐射。光源经过采光管进入光栅系统形成二维光谱，在 CID 检测器处理将光量子数信号通过电路转换为数字信号，通过电脑显示和打印机显示结果。

ICP 光谱仪结构主要由高频发生器、蠕动泵进样系统、光源、分光系统、检测器、冷却系统和数据处理等组成。具体见图 6-1 所示。

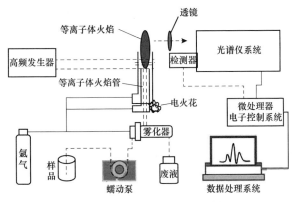

图 6-1　电感耦合等离子体发射光谱仪原理图

（1）所有测量元素浓度必须落在标准曲线的线性范围内，以防测量光谱的干扰。

（2）对低含量的磨损金属测定时，建议校正添加剂中高浓度元素的光谱干扰。

（3）由于试样和标准溶液的黏度不同，会引起进样速率的不同，为了减少该影响可以将试样溶液用蠕动泵送进雾化器或使用内标法，或两者并用。当油的黏度影响严重时，在维持相同的内标浓度条件下，使试样稀释倍数也可由 10 倍提高到 20 倍。

（4）试样中有较大的颗粒易引起雾化器堵塞，使测量结果偏低，建议使用巴宾顿型雾化器减少此影响。

（5）内标物要选用油溶性内标物，如钙、钴或钇。

（6）当制作多元素混合标准物时，要确保达到足够的均匀性。

（7）使用过的润滑油样品，称量前必须对样品充分均化；对于黏稠油样，首先要将样品加热到 60℃，然后再进行样品的均化和取样称量。

（8）试样在分析前至少 30min 就要点燃等离子体，经过预热周期后喷雾稀释溶剂，并检查炬管点燃炬焰后是否积炭，一旦发现积炭，应立即更换炬管。

（9）高频发生器功率、等离子气和冷却器流量要选择适当，一般比水溶液要高，以防止炬管积炭。

（10）对于钙、镁、锌、钡、磷和硫的分析结果报至三位有效数字，对于铝、硼、铬、铜、铁、铅、锰、钼、镍、钾、钠、硅、银、锡、钛和钒的分析结果报至两位有效数字。

第二节　极压性能检测技术

一、方法概要

测试方法依据 GB/T 11144—2007《润滑液极压性能测定法　梯姆肯法》。

极压润滑是指摩擦面的接触压力增高时，边界吸附油膜发生破裂并产生极压反应膜的一种润滑状态。边界 OK 值指在测定润滑剂承载能力过程中，没有引起刮伤或卡咬时在负荷杠杆砝码盘上的最大质量。刮伤值是指在测定润滑剂承载能力过程中，出现刮伤或卡咬现象时加在负荷杠杆砝码盘上的最小质量。在开始试验前，试样需预热到 37.8℃ ±2.8℃。试验时，一个钢制试环紧贴着一个钢制试块转动。转动速度为 123.71m/min ± 0.77m/min，此速度相当于轴速 800r/min ± 5r/min。在过程中需要确定刮伤值和 OK 值。

二、试验目的

梯姆肯 OK 值是指在测定润滑剂承载能力过程中，没有引起刮伤或卡咬时加在负荷杠杆砝码盘上的最大质量（重量）。该值作为工业极压齿轮油的规格指标之一，可用于确定润滑剂的规格及润滑剂极压性的低、中、高的级别，在一定范围内可以评定油品极压性能的变化。

三、技术要点

（1）与试样接触的零部件应用航空洗涤汽油和丙酮依次清洗，吹干后再用约 1L 的试样油冲洗，最后排放干净。

（2）在安装试件时，先用丙酮擦拭干净，随后吹干。切忌用具有承载性能的溶剂擦拭试件，如四氯化碳，以免影响试验结果。

（3）试环装在主轴上，适当上紧，避免过紧而变形。按同样的要求，把试块装在试块架中，调整杠杆系统，使所有刀刃全部对准，使杠杆严格保持水平。

（4）建议用数字式检测器检查主轴上试环的径向跳动，不应大于 0.025mm。

（5）如果在负荷施加后有明显的刮伤现象，应立即停机，关闭试样出口阀，并卸掉负荷，避免深度刮伤产生高温，甚至会改变整个试块的表面特性，导致试块报废。

（6）如果不发生刮伤现象，让试验机运转 10min ± 15s，然后转动加载装置旋钮卸掉负荷，同时关闭主轴电机和试样出口阀，移开负荷杠杆，取出试块，在放大倍率为 1 的物镜下观察试块表面。只要磨痕出现任何刮伤或焊点，则试样在此一级负荷下失效。

（7）每次进行完一级负荷的试验，再进行下级负荷试验时，应使油箱内的试样温度冷却到 37.8℃±2.8℃。在主轴温度低于 65.6℃±2.8℃时，安装新试环和翻转试块。

（8）如果某一级负荷的磨痕对于确定开始刮伤有疑问，则在此相同负荷下，重复试验。如果第二次试验产生刮伤，则这一级负荷为刮伤负荷。如果第二次试验不产生刮伤，则此负荷为不刮伤负荷。如果第二次试验仍有疑问，可在高一级负荷下进行试验，借助高一级负荷试验结果确定有疑问一级负荷的结果。如果高一级负荷下是刮伤，则原先有疑问一级负荷也应判断为刮伤。

第三节　四球机试验检测技术

一、方法概要

检测方法依据 GB/T 3142—2019《润滑剂承载能力的测定　四球法》。

实验时，四个钢球按正四面体排列。上球以（1450±50）r/min的速度旋转，下面三个球用油盒固定在一起，通过杠杆或液压系统由下而上对钢球施加负荷。在试验过程中，四个钢球的接触点都浸没在润滑剂中。每次实验时间为 10s。试验后测量油盒内任何一个钢球的磨痕直径。按规定的程序反复试验，直到求出代表润滑剂承载能力的评定指标。

二、试验目的

四球试验机是当前判断齿轮油承载能力的主要试验方法之一。在一定温度、转速、负荷和运转时间下，承重钢球表面因摩擦导致磨损斑痕直径的大小即磨迹，磨迹越小，说明润滑脂的抗磨损能力、润滑性越好。在一定温度、转速下逐级增大负荷，当上方钢球和下方钢球因负荷过重而发生高温烧结，设备不得不停止运转的负荷即烧结负荷，烧结负荷越高，说明润滑脂的极压润滑性能越好。

在一定温度、转速下，钢球在润滑状态下不发生卡咬的最大负荷，此指标测量值越高，说明润滑脂润滑性能越好。

三、技术要点

（1）试验前应控制室温在 25℃ ± 5℃，启动电机空转 2~3min。

（2）试验前应用清洗剂清洗钢球、油盒、夹具及其他在试验过程中与试样接触的零部件，再用石油醚洗两次，然后吹干，清洗后的钢球应光洁无锈斑。

（3）在最大无卡咬负荷的测定时，要求在最大无卡咬负荷下的磨痕直径不得大于相应补偿线上的磨痕直径（即 $D_{补偿}$）的（1+5%）。如果测得某负荷下的磨痕直径大于 $D_{补偿}$（1+5%），则下次试验需在较低的负荷下进行。重复这种操作，直到确定最大无卡咬负荷为止。

（4）在烧结负荷测定时，一般从 785N 负荷开始，若两次均烧结，则试验时采用的负荷就作为烧结负荷，如果重复试验不发生烧结，则需要用较大的负荷进行新的试验和重复试验。

（5）发生烧结时应及时关闭电动机，否则会引起严重的磨损，甚至钢球与夹头甚至与上锥座烧结在一起。

（6）判断是否发生烧结的依据主要有：摩擦力有剧烈的增加、电动机噪音程度增加、油盒冒烟、加载杆壁突然降低。

（7）某些极压性能很强的润滑油还未达到真正的烧结，钢球磨斑直径已达到极限值，则把产生最大磨斑直径 4mm 的负荷作为烧结点。

（8）当有些润滑剂在极高的负荷下仍未烧结，则试验进行到机器的极限负荷为止。

（9）测定 PB 时，同一操作者在同一机器上重复测定，两次结果间的差数不大于平均值的 15%；

（10）测定 PD 时，同一操作者在同一机器上重复测定，两次结果间的差数不大于一个负荷等级。

测定综合磨损值（ZMZ）时，同一操作者在同一台机器上重复测定，两次结果间的差数不大于平均值的 10%。

第四节　黏度指数检测技术

一、方法概要

检测方法依据 GB/T 1995—1998《石油产品黏度指数计算法》。

黏度指数是指石油产品的运动黏度随温度变化这个特征的一个约定值，是被广泛采用并普遍接受的对石油产品运动黏度变化的量度。这种变化是由于油品在 40℃和 100℃之间温度改变所造成的。

二、试验目的

黏度指数是润滑油的最重要的性能指标之一，其数值可以表征基础油黏温性能的优劣水平，是衡量基础油加工精制深度的重要的指标，也是判断润滑油是矿物油或合成油，是单级油或多级油的标志。

三、技术要点

（1）温度对运动黏度有影响，在测定过程中要严格控制好温度。

（2）试样含有水或机械杂质时，在试验前必须经过脱水处理，用滤纸过滤除去机械杂质。

（3）在测定过程中试样不许有气泡存在。气泡会影响装油体积，形成气塞，增大流动阻力，影响测定结果。

（4）试样的黏度指数报告到整数。当这个数在两个整数中间时，就报告偶数。

（5）其他操作注意事项参照本书第二章第三节。

第七章 六氟化硫气体检测技术

六氟化硫气体具有高耐电强度和良好的热稳定性，因此被认为是最佳的气体绝缘介质，已广泛应用于电气设备，特别是高压、超高压电气设备中。本章主要介绍了六氟化硫气体检测项目的检测依据、试验目的、操作要点及注意事项，包括六氟化硫中空气、四氟化碳、六氟丙烷及八氟丙烷含量，酸度，矿物油含量，可水解氟化物，生物毒性、湿度，分解产物，气密性，纯度等。

第一节 现场六氟化硫分解产物检测技术

一、方法概要

检测方法依据 DL/T 1205—2013《六氟化硫电气设备分解产物试验方法》。

SF_6 分解产物检测通常采用气相色谱分析法、电化学传感器法和气体检测管法等。

气相色谱法具有简易、快速、易推广等优点，其原理是利用热导和火焰光度检测器或氦离子检测器通过合理的气路流程及一根或多根色谱柱对分离出的组分气体进行检测。对于低含量者，可先采用冷冻富集，经解析后再进行色谱检测。

电化学传感器法是使被测气体透过电化学传感器气体过滤膜，在传感器内发生化学反应，产生与被测气体浓度成比例的电信号，对信号处理后得到被测气体浓度。目前适于 SF_6 分解气检测的电化学传感器有 SO_2、H_2S、HF 和 CO 四种。

气体检测管法是使样品气中待测定的组分与检测管内的填充物发生化学反应，检测管颜色发生变化，检测管的变色长度与流过检测管气体的浓度和体积成比例，控制待测气体流过检测管的总体积和测量检测管的变色长度，便可计算出待测组分的含量。此法操作简单，灵敏度高，携带方便，采样量少，快速，利于现场测定。但目前适于 SF_6 分解气检测的检测管种类不多，常用的有 CO、SO_2、H_2S 和 HF 等几种。

二、试验目的

SF_6 在放电和热分解过程中，以及在水分的作用下，能分解产生稳定气态分解物有：SOF_2，SO_2、HF 和 SO_2F_2。当故障涉及固体绝缘材料时，还会产生 CF_4 和 H_2S。H_2S 含量与裸金属放电能量有关系，在裸金属低能量放电时，一般检测不到 H_2S 组分。

在现场检测中，把 H_2S、SO_2、HF 这三种气体组分作为现场电气设备是否存在故障的特征分解产物，且通过 H_2S 组分含量还可考察故障的能量及故障是否涉及固体绝缘。

三、技术要点

（一）电化学传感器法

（1）检测开始前，应先启动气泵，使用洁净空气清洗气路并且传感器复零后才可进行分析。

（2）气路连接设备前，应先确认仪器进气口针形阀处于关闭状态，并将尾气收集装置与仪器排气口相连（或远离检测人员下风口处）。

（3）气路连接时，应先将导气管出气端与仪器进气口相连，将导气管进气端接上相应的转接头后与设备充放气口相连。

（4）开始测试时，应缓慢打开被测电气设备排气阀，通过仪器进气口阀门调节合适流量，并冲洗 3~5min 后进行测量。

（5）当检测出分解物含量超标时，应对仪器内部气路进行清洗，待传感器复零后，方可进行下一次检测。

（6）检测结束后，应使用洁净空气清洗管道和仪器，待传感器复零后关闭仪器电源开关，将仪器进气口阀门关闭，并确认被测电气设备充放气口复原后密封良好。

（7）仪器应按时进行校准，周期不宜超过 1 年，仪器使用前宜用标准气进行验证，确保数据准确。

（二）气体检测管法

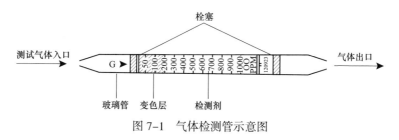

图 7-1　气体检测管示意图

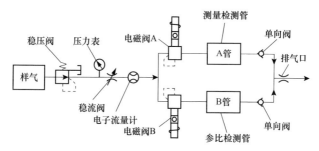

图 7-2　气体检测管法检测装置气路流程示意图

气体检测管及检测系统气路流程如图 7-1 和图 7-2 所示。检测的技术要点如下：

（1）检测前应对气体检测装置的气体流量和流过体积进行标定，用 SF_6 气体、采用排水集气法分别标定出一个大气压、$20℃$ 下流过 SF_6 气体的实际体积读数。

（2）可参照图 7-3 连接气路，并检查气路应密封良好。

（3）参比检测管应用与实际检测管相同或相似的管径和填充材料，通过参比管调节流量并冲洗气路管道 5min 以上。

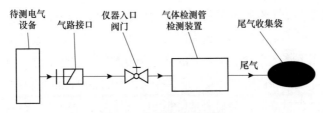

图 7-3　气路连接示意图

（4）应注意选用合适量程范围的检测管，若被测气体浓度大于所用检测管量程，必要时可根据检测管说明书提供检测气体体积与浓度刻度读数的修正系数，允许采取减少检测气体总体积的方法进行检测，否则应将被测气体稀释后再进行检测。

（5）测试完毕后，应使用洁净空气清洗管道和仪器，待传感器复零后关闭仪器电源开关，关闭仪器进气口阀门，并确认被测电气设备充放气口复原后密封良好。

第二节　六氟化硫中空气、四氟化碳等含量色谱检测技术

一、方法概要

检测方法依据 DL/T 920—2019《六氟化硫气体中空气、四氟化碳、六氟乙烷和八氟丙烷的测定　气相色谱法》或 GB/T 12022—2014《工业六氟化硫》。

SF_6 试样通过色谱柱，使待测定的各组分分离，由热导检测器及火焰离子检测器检测并由记录系统记录色谱图。根据标准样品的保留值定性，用归一化法计算有关组分的含量。结果以空气、四氟化碳、六氟乙烷和八氟丙烷与六氟化硫的质量百分数（%）表示。

二、试验目的

SF_6 气体中常含有空气（主要为 O_2、N_2）、四氟化碳（CF_4）和二氧化碳（CO_2）等杂质气体。它们是在 SF_6 气体合成制备过程中残存的

或者是在 SF_6 气体加压充装运输过程中混入的。当 SF_6 气体应用于电气设备中时，杂质气体受到大电流、高电压、高温等因素的影响，在水分作用下将产生含氧、含氮的低分子分解物。这些低分子分解物有的是有毒或剧毒物质，对人体危害极大；有的会腐蚀设备材质。此外，杂质气体含量高时，会显著地降低 SF_6 气体的击穿电压，影响电气设备的安全运行。因此，必须对 SF_6 气体中的 O_2、N_2、CF_4、C_3F_6、C_4F_8 等杂质气体含量进行严格的控制和监测。常用于分析 SF_6 气体中空气（O_2、N_2）、CF_4、C_3F_6、C_4F_8 等杂质气体含量的方法为气相色谱法。

三、技术要点

常用气路流程如表 7-1 所示。

表 7-1 常用气路流程示例

类型	流程示意图	常用固定相	说明
单柱	1—干燥管；2—稳压阀；3—热导池参考臂；4—六通定量阀；5—进样口；6—流量计；7—色谱柱；8—热导池测量臂	60~80 目 GDX-104 或 Porapak-Q	可分离空气、CF_4、SF_6
双柱并联	1—热导池参考臂；2—六通阀；3—进样器；4—色谱柱；5—热导池测量臂；Ⅰ、Ⅱ—三通	柱 1 柱 2：60~80 目 GDX-104 或 Porapak-Q	柱 1：可分离空气、CF_4、SF_6；柱 2：可分离空气、CF_4、SF_6
双柱串联	1—热导池参考臂；2—六通阀；3—进样器；4—13X 分子筛柱；5—进样器；6—色谱柱；7—热导池测量臂	柱 1：13X 分子筛 柱 2：Porapak-Q	柱 1：可分离 O_2、N_2；柱 2：可分离 CF_4、SF_6

（1）测定组分 x 对于 SF_6 质量校正系数的分析条件应与样品测试时一致。

（2）新的色谱分离柱在使用前应在 120℃ 下通载气，老化至少 4h。载气及流速与分析样品时相同。

（3）固定相的活化：30~60 目的 13X 分子筛，使用前应在 500℃ 马福炉中灼烧 3~4h；60~80 目的 Porapak-Q 或 GDX—104 担体，使用前应在 100℃ 下通氮气（流量 40mL/min 或 50mL/min）活化 6~8h。

（4）分析六氟化硫钢瓶气体应液相取样，取样时应将钢瓶倒置或倾斜，使气瓶出口处于最低点，否则测试结果可能偏高。

（5）样品分析前，采样管及管路需用样品气冲洗 3~5min，把取样回路中的空气、残气吹洗出去，否则测试结果可能偏高。

（6）标准混合气含量检验合格证应在有效期内，各组分的质量百分数应大于相应未知组分浓度的 50%，或者小于未知组分浓度的 300%。

第三节　六氟化硫气体湿度检测技术

一、方法概要

检测方法依据 DL/T 506—2018《六氟化硫电气设备中绝缘气体湿度测量方法》。

电解法是被测气样流经一个具有特殊结构的电解池时，其中的水蒸气被池内作为吸湿剂的 P205 膜层吸收、电解。当吸收和电解过程达到平衡时，电解电流正比于气样中的水蒸气含量，这样可通过测量电解电流得到气样的含水量。根据法拉第电解定律和气体状态方程，可导出电解电流 I 与气样湿度之间的关系式为：

$$I = \frac{QpT_0FU \times 10^4}{3p_0TV_0}$$

式中　Q——气样流量，mL/min；

　　　p——环境压力，Pa；

　　　T_0——临界绝对温度，273K；

　　　F——法拉第常数，96485C；

　　　U——气样湿度；

　　　p_0——标准大气压，101.325kPa；

　　　T——环境温度，K；

　　　V_0——摩尔体积，22.4L/mol。

露点法检测气体中的微量水分为经典方法之一，因采用的制冷方式、测量和检露方法不同，而有各种类型的仪器和测量装置，但其方法原理均为：使被测气体在恒定压力下，以一定流量经露点仪测试室中的抛光金属镜面，当气体中的水蒸气随镜面温度的逐渐降低而达到饱和时，镜面上开始出现露（或霜），此时测量得到的镜面温度即为露点，再通过露点温度求得湿度值。冷凝露点测量仪器按制冷方式可分为制冷剂制冷和半导体制冷，按对温度的测量方式可分为目视测量和光电测量。

阻容法是通过电化学方法在金属铝表面形成一层氧化膜，进而在膜上镀一薄层金属，这样铝基体和金属膜构成了一个电容器；当 SF_6 气体通过时，多孔氧化铝层就吸附了水蒸气，使两极间电抗发生改变，其改变量与水蒸气浓度成一定关系，经过标定即可定量使用。

以上三种方法在检测过程中均需进行气路连接，具体气路连接如图7-4所示。

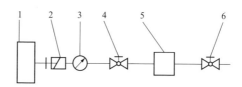

图7-4　测量气路连接示意图

1—待测电气设备；2—气路连接口（连接设备与仪器）；3—压力表；

4—仪器入口阀门；5—湿度计；6—仪器出口阀门（可选）

二、试验目的

SF$_6$气体中湿度对设备及其安全运行有较大的危害。当SF$_6$气体中含水超过一定限度时，气体的稳定性会受到破坏，表现在气体中沿绝缘材料表面的耐压下降。当SF$_6$气体中的湿度足以使绝缘子表面凝成露时，则击穿电压显著下降，绝缘受到破坏，危害很大。SF$_6$气体分解会产生腐蚀性极强的HF和SO$_2$等酸性气体，从而加速设备腐蚀，危害极大。SF$_6$气体中含有水分时，增加了气体中有毒有害杂质的组分和含量。所以无论对SF$_6$新气和运行气的含水量都要严格控制，以确保设备的安全运行和工作人员的身心健康。

三、技术要点

（1）测定SF$_6$气体水分所用的管道，应使用吸湿率低的不锈钢管或聚四氟乙烯管路，且要保持清洁干燥，减少测试误差。

（2）SF$_6$气体水分测定仪与SF$_6$设备之间的管路连接，应密闭不漏。

（3）做SF$_6$设备内SF$_6$气体水分的验收试验时，从SF$_6$气体充入设备到测试，时间间隔应至少不低于24h。

（4）运行SF$_6$设备测定气体含水分时，应选择环境温度为20℃左右，并在报告中注明测试温度。

（5）SF$_6$气体水分测定仪应定期校正，一般每年校正一次。

（6）SF$_6$气体中水分的质量比（μg/g）和体积比（μL/L）的换算关系为1μg/g=8.1μL/L。

（7）以露点表示或显示的仪器，其测试结果如要以体积比（μL/L）或质量比（μg/g）表示时，应查该露点下的饱和蒸汽压，并按运行设备的实际压力进行换算。

（8）用露点法测试水分时，要注意设备内部绝缘材料中，挥发出的有机溶剂对检测结果的影响。

第四节　六氟化硫中矿物油含量检测技术

一、方法概要

检测方法依据 DL/T 919—2005《六氟化硫气体中矿物油含量测定法（红外光谱分析法）》或 GB/T 12022—2014《工业六氟化硫》。

将定量的 SF_6 气体按一定的流速通过两个装有一定体积 CCl_4 的洗气管，使分散在 SF_6 气体中的矿物油被完全吸收，然后测定该吸收液 2930cm^{-1} 吸收峰的吸光度（相当于链烷烃亚甲基非对称伸缩振动），再从工作曲线上查出吸收液中矿物油浓度，计算其含量。该方法适用于 SF_6 气体中矿物油（不含合成润滑油）的测定。在进行 SF_6 矿物油含量检测时，需搭建吸收装置，如图 7-5 所示。

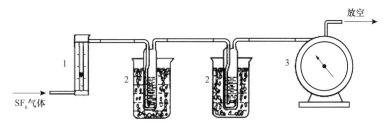

图 7-5　矿物油吸收装置

1—转子流量计；2—吸收瓶；3—湿式气体流量计

二、试验目的

测试 SF_6 气体中矿物油含量可有效判断合成的 SF_6 气体是否纯净，以及气体在输送和充装过程中是否受到污染。该指标推荐采用红外分光光度法测定。

三、技术要点

（1）在试验操作过程中，向封固式洗气瓶中注入 CCl_4 时，绝不能用硅（乳）胶管作导管，否则结果偏高。两支洗气瓶之间的联结管用尽量短的硅胶管（最好用前用 CCl_4 浸泡），使两玻璃接口对接。当吸收结束转移吸收液时，用少量空白 CCl_4 将洗气瓶的硅胶管节连接处外壁冲洗干净，再进行转移。

（2）吸收液所用的 CCl_4 必须是新蒸馏的，且空白测定和吸收液需用同一瓶试剂。

（3）吸收过程中流速不宜太快，必须在冰水浴中进行。

（4）基线取法应以过 $3250cm^{-1}$ 且平行于横坐标的切线为基线，因为作 $3000cm^{-1}$ 及 $2880cm^{-1}$ 处的切线为基线，$3000cm^{-1}$ 及 $2880cm^{-1}$ 处的吸光度不仅会随样品中矿物油浓度的增加而增大，同时 $2930cm^{-1}$ 处的吸收峰形也随 CCl_4 的纯度不同（不同瓶）而不同，而且吸光度的计算也较麻烦。

第五节　六氟化硫酸度检测技术

一、方法概要

检测方法依据 DL/T 916-2005《六氟化硫气体酸度测定法》或 GB/T 12022-2014《工业六氟化硫》。

将一定体积的 SF_6 气体以一定的流速通过盛有氢氧化钠溶液的吸收装置，使气体中的酸和酸性物质被过量的氢氧化钠溶液吸收，然后用硫酸标准溶液滴定吸收液中过量的氢氧化钠溶液，根据消耗硫酸标准溶液的体积计算出 SF_6 气体酸度。试验结果以氢氟酸（HF）的质量和 SF_6 气体的质量比表示（$\mu g/g$）。酸度检测吸收装置如图 7-6 所示。

二、试验目的

SF_6 气体中酸和酸性物质的存在会腐蚀电气设备的金属部件和绝缘材料，从而直接影响电气设备的机械、导电、绝缘性能，严重时会危及电气设备的安全运行。另外，SF_6 气体酸度的大小在一定

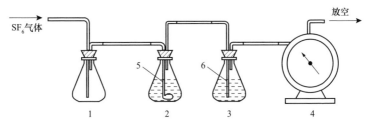

图 7-6 酸度吸收装置

1—缓冲瓶；2、3—吸收瓶；4—湿式气体流量计；

5—多孔气体分布管；6—开口气体分布管

程度上表征着 SF_6 气体的毒性大小和设备的健康状态，为了保证人身和电气设备的安全，需要对 SF_6 气体的酸度进行测定。

三、技术要点

（1）各接口气密性要好。

（2）尾气必须排放到室外，排放前需经碱洗处理。

（3）连接管路的乳胶管要尽量短。

（4）连接钢瓶的采样系统必须能耐压 0.1MPa。

（5）取样完毕，应先关闭钢瓶阀门，然后关闭氧气减压表阀门。

（6）向两个吸收瓶加碱液时，应规范操作，确保两个吸收瓶加入碱液的体积是一样的，否则结果可能出现负值。

（7）吸收瓶与气路连接时应注意区分进气口与出气口，避免接错造成吸收液倒灌。

（8）在滴定吸收液时应小心操作，注意观察滴定终点，防止滴定过点；两个瓶中吸收液滴定终点的颜色深浅应控制一致，否则结果可能出现负值。

第六节 六氟化硫生物毒性检测技术

一、方法概要

检测方法依据 DL/T 921—2005《六氟化硫气体毒性生物试验方法》或 GB/T 12022—2014《工业六氟化硫》。

模拟大气中 O_2 和 N_2 的含量，以 SF_6 气体代替空气中的 N_2，以 79% 体积的 SF_6 气体和 21% 体积的 O_2 混合，使该混合气体按照一定流量通入饲养有小白鼠的密封容器连续染毒 24h，然后将已染毒的小白鼠在大气中再观察 72h，通过观察比较小白鼠在染毒前后的健康状况来判断 SF_6 气体是否存在毒性。SF_6 毒性试验装置如图 7-7 所示。

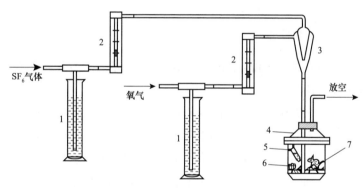

图 7-7　SF_6 毒性试验装置

1—稳压管；2—流量计；3—气体混合器；4—染毒缸；

5—饮水瓶；6—食物；7—小白鼠

二、试验目的

SF_6 气体生物毒性试验用来确定 SF_6 气体的毒性，保护 SF_6 电气设备的运行、监督以及分析检测人员的人身安全。

三、技术要点

（1）整个试验装置气密性要好。

（2）尾气必须排放到室外，排放前需经碱洗处理。

（3）连接钢瓶减压阀到浮子流量计的管路应用不锈钢管连接，保证系统能耐压 0.3MPa。

（4）气体混合器有三个进出气口，气路连接时不要接错。

（5）试验中应控制好气体的比例，否则不能真实反映出试验结果。

（6）试验室的温度不可太低，以 25℃左右为宜。

第七节　现场六氟化硫气密性检测技术

一、方法概要

检测方法依据 GB/T 11023—2018《高压开关设备六氟化硫气体密封试验方法》。

SF_6 电气设备的气体泄漏检查可分为定性和定量两种形式。定性检漏只能确定 SF_6 电气设备是否漏气或判断漏气大小，是定量检漏前的预检。定量检漏是通过包扎检查或压力折算求出泄漏点的泄漏量，从而得到气室的年泄漏率。定量检漏所适用的仪器，必须能检测出从密封容器内泄漏的微量 SF_6 气体，其灵敏度应不低于 1×10^{-6}，测量范围为 $1 \times 10^{-4} \sim 1 \times 10^{-6}$（体积比）。定量检漏通常采用扣罩法、挂瓶法、局部包扎法、压力降法等。

（一）SF_6 电气设备现场定性检漏

（1）抽真空检漏法。在设备制造、安装中可以采用这种方法。对试品抽真空，维持真空度在 133×10^{-6}MPa 以下，使真空泵运转 30min，停泵 30min 后读真空度 A，再过 5h 读真空度 B，如 B 减 A 的值小于 133Pa，可以初步认为密封性能良好。

（2）定性检漏仪检测法。此方法适用于日常的 SF_6 电气设备维护。采用校验过的 SF_6 气体检漏仪，将检漏仪探头沿着设备各连接口表面缓慢移动，根据仪器检出读数来判断接口的气体泄漏情况。对气路管道各连接处必须仔细检查，一般移动速度以 10mm/s 左右为宜，以防探头移动过快而错过泄漏点。使用该方法时应注意不要在风速过大的情况下进行，以避免泄漏气体被风吹走而影响检测结果，还应注意接口上的油脂对 SF_6 的溶解，检漏前要先排除这些干扰因素。无泄漏点发现，则认为密封良好。

（二）SF_6 电气设备现场定量检漏

（1）扣罩法：将试品置于封闭的塑料罩内，经过一定时间后，测定罩内 SF_6 气体的浓度，并通过计算确定年漏气率的方法。扣罩法适用于高压开关等适合做罩的中小型设备。

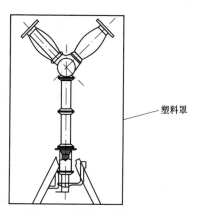

图 7-8 扣罩法检漏示意图

如图 7-8 所示，用塑料薄膜、塑料大棚、密封房等把试品罩住（塑料薄膜可以制成一个塑料罩，内有骨架支撑，塑料罩不得漏气），也可以采用金属罩。扣罩前吹净试品周围残余的 SF_6 气体。试品充 SF_6 气体至额定压力后不少于 6~8h 才可以扣罩检漏。扣罩 24h 后用检漏仪测试罩内 SF_6 气体的浓度。测试点通常选在罩内上、下、左、右、前、后，每点取 2~3 个数据，最后取得罩内 SF_6 气体的平均浓度，计算其累计漏气量、绝对泄漏率、相对泄漏率等。

若用扣罩法检查设备的泄漏情况，以 F_0 表示单位时间的漏气量，F_y 表示年漏气率，则：

$$F_0 = \frac{\varphi \cdot (V_m - V_1)p_s}{\Delta t}$$

式中　F_0——单位时间漏气量，$Pa \cdot m^3/s$；

　　　φ——扣罩内 SF_6 气体的平均浓度，mL/m^3；

　　　V_m——扣罩体积，m^3；

　　　V_1——SF_6 设备的外形体积，m^3；

　　　Δt——扣罩至测量的时间间隔，s；

　　　p_s——扣罩内的气体压力，MPa；

$$F_y = \frac{F_0 \cdot t}{V(p_r + 0.1)} \times 100\%$$

式中　F_y——年漏气率，%；

　　　V——设备内充装 SF_6 气体的容积，m^3；

　　　p_r——SF_6 设备气体充装压力（表压），MPa；

　　　t——以年计算的时间，每年等于 $31.5 \times 10^6 s$。

（2）挂瓶法：用软胶管连接试品检漏孔和挂瓶，经过一定时间后，测定瓶内 SF_6 的浓度，并通过计算确定年漏气率的方法。

挂瓶法适用于法兰面有双道密封槽（如图 7-9 所示主密封、副密封）的 SF_6 电气设备泄漏检测。双道密封槽之间留有与大气相通的检漏孔。在试品充气至额定压力，并经一定时间间隔后，在检漏之前，取下检漏孔的螺塞，过一段时间，待双道密封间残余的气体排尽后，用软胶管分别连接检漏孔和挂瓶。挂瓶一般为 1L 的塑料瓶，挂一定时间间隔

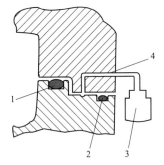

图 7-9　挂瓶法检漏示意图

1—主密封；2—副密封；

3—挂瓶；4—检漏孔

后，取下挂瓶，用灵敏度不低于 0.01×10^{-6}（体积分数）、经校验验合格的检漏仪，测量挂瓶内 SF_6 气体的浓度。根据测得的浓度计算试品累计的漏气量、绝对泄漏率、相对泄漏率等。

（3）局部包扎法：试品的局部用塑料薄膜包扎，经过一定时间后，测定包扎腔内 SF_6 气体的浓度，并通过计算确定年漏气率的方法。

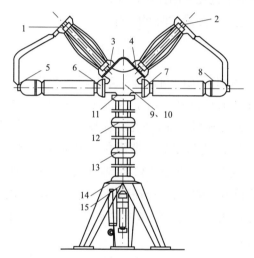

图 7-10　局部包扎法包扎部位示意图

1~15—包扎部位

局部包扎法一般用于组装单元和大型产品的场合。包扎部位如图 7-10 所示的 1~15 处。

包扎时可采用 0.1mm 厚的塑料薄膜按被试品的几何形状围一圈半，使接缝向上，包扎时尽可能构成圆形或方形。经整形后，边缘用白布带扎紧或用胶带沿边缘粘贴密封。塑料薄膜与被试品间应保持一定的空隙，一般为 5mm。包扎一段时间后（一般为 24h），用检漏仪测量包扎腔内 SF_6 气体的浓度。根据测得的浓度计算漏气率等指标。

若用局部包扎法来检查设备的泄漏情况，假设共包扎了 n 个部位，单位时间内的漏气量以 F_0 表示，年漏气率以 F_y 表示，则：

$$F_0 = \frac{(\sum_{i=1}^{n} \varphi_i V_i \rho)}{\Delta t}$$

式中　ρ——SF_6 气体的密度，6.16g/L；

　　　φ_i——每个包扎部件测得的 SF_6 气体泄漏浓度，mL/m^3；

　　　V_i——每个包扎腔的体积，m^3；

　　　Δt——包扎至测量的时间间隔，s。

$$F_y = \frac{F_0 t}{Q} \times 100$$

式中　t——以年计算的时间，每年等于 $31.5 \times 10^6 s$。

采用包扎法时应注意：由于塑料薄膜对 SF_6 气体有吸附作用，以及包扎的气密性和包扎体积的测量误差，都会影响到年漏气率的准确计算。一般包扎前用吸尘器沿包扎面吸洗一次，包扎时间以 12~24h 为宜，同时应注意检测仪器调零时，环境的 SF_6 气体含量应小于检漏仪的最低检测量，以排除外界对包扎体的影响。

（4）压力降法：通过对设备或隔室在一定时间间隔内测定的压力降，计算年漏气率的方法。

压力降法适用于设备气室漏气量较大的设备检漏，以及在运行中用于监督设备漏气情况。它的原理是测量一定时间间隔内设备的压力差，根据压力降低的情况来计算设备的漏气率。具体方法是：先测定压降前的 SF_6 气体压力 p_1，根据 p_1 和当时的温度（T_1）换算出 SF_6 气体密度 ρ_1；过 2~3 个月或半年，再测定压降后的 SF_6 气体压力 p_2，根据 p_2 和此时的温度（T_2）换算出气体密度 ρ_2，根据 SF_6 气体在一定时间间隔内密度的改变计算漏气率。

若以压力降法检查设备的漏气情况，要考虑 SF_6 气体的温度、压力和密度三者的关系，按两次检查记录的设备 SF_6 气体压力和检查时的环境温度算出 SF_6 气体的密度，据此计算年漏气率 F_y，则：

$$F_y = \frac{\Delta \rho}{\rho_1} \times \frac{t}{\Delta t} \times 100\%$$

$$\Delta \rho = \rho_1 - \rho_2$$

式中　$\Delta \rho$ ——SF$_6$气体在两次检查时间间隔间的密度变化；

ρ_1 ——第一次检查设备压力时换算出的气体密度；

ρ_2 ——第二次检查设备压力时换算出的气体密度；

Δt ——两次检查之间的时间间隔，月；

t ——以年计算的时间，每年等于 12 月。

采用压力降法时，对各气室的压力测量一般应选在上午 8~10 时进行，这时气室与环境的温差较小，压力测量较为准确。

二、试验目的

SF$_6$电气设备中气体介质的绝缘与灭弧能力主要依赖于有足够的充气密度（压力）和气体的高纯度，设备中气体的泄漏将导致额定充气气压降低，影响设备正常运行。泄漏出的 SF$_6$气体中的电弧分解物含有有害杂质，对人体有害。再则 SF$_6$气体价格昂贵，一旦发生泄漏应查找原因予以消除，避免浪费。所以，SF$_6$气体泄漏量的检查是 SF$_6$电气设备交接和运行监督的主要项目之一。我国规定，设备中每个气室的 SF$_6$年漏气率小于 0.5%。

三、技术要点

扣罩法、局部包扎法、挂瓶法、压力降法测得的结果与实际泄漏值都有一定的误差。为了减少测量误差，在现场进行 SF$_6$电气设备气体泄漏检测时，要求做到以下几点：

（1）SF$_6$电气设备充气至额定压力，经 12~24h 之后方可进行气体泄漏检测。

（2）为了消除环境中残余的 SF$_6$气体的影响，检测前应先吹净设备周围的 SF$_6$气体，双道密封圈之间残余的气体也要排尽。

（3）采用包扎法检漏时，包扎腔尽量采用规则的形状，如方形、柱形等，使易于估算包扎腔的体积。在包扎的每一部位，应进行多点检测，取检测的平均值作为测量结果。

（4）采用扣罩法检漏时，由于扣罩体积较大，应特别注意扣罩的密封，防止收集气体的外泄。检测时应在扣罩内上下、左右、前后多点测量，以检测的平均值作为测量结果。

（5）定性检漏可以较直观地观察密封性能，对于定性检漏有疑点的部位，应采用定量检漏确定漏气的程度。经检查，如发现某一部位漏气严重，应进行处理，直到合格。

第八节　SF$_6$中可水解氟化物检测技术

一、方法概要

检测方法依据 DL/T 918—2005《SF$_6$ 气体中可水解氟化物含量测定法》或 GB/T 12022—2014《工业 SF$_6$》。

利用稀碱与 SF$_6$ 气体在密封的玻璃吸收瓶中经振荡进行水解，所产生的氟化物离子用茜素－镧络合试剂比色法或氟离子选择电极法测定，结果以氢氟酸的质量与 SF$_6$ 气体质量比（μg/g）表示。SF$_6$ 中可水解氟化物的取样装置如图 7–11 所示。

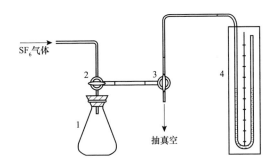

图 7–11　可水解氟化物测定取样装置

1—取样瓶；2、3—真空三通活塞；4—U 形管压力计

二、试验目的

SF$_6$ 气体中的含硫低氟化物来源于新气中的副产物和电弧分解

产物，其中有的极易水解和碱解，如 SF_2、S_2F_2、SF_4、SOF_2、SOF_4 等。这些可水解氟化物将对设备和固体绝缘材料造成腐蚀及加快劣化。一定程度上可水解氟化物含量的大小代表毒性的大小，是 SF_6 气体质量控制重要指标之一。

三、技术要点

（1）用氟离子选择电极进行测定氟离子含量时，溶液的 pH 值一定严格控制在 5.0~5.5 之间。

（2）用茜素－氟镧络合比色法测定氟离子含量时，要注意络合剂的保存期，该试剂在 15~20℃下可保存一周，在冰箱冷藏室中可保存一个月。

（3）在配制茜素－氟镧络合试剂时，如果茜素氟蓝溶液中有沉淀物，需用滤纸将它过滤到 250mL 容量瓶中，再用少量去离子水冲洗滤纸，滤液一并加到容量瓶中；冲洗烧杯及滤纸的水量都应尽量少，否则最后液体体积会超过 250mL；加丙酮摇匀的过程中有气体产生，因此要防止溶液逸出，最后要把容量瓶塞子打开一下，以防崩开。

（4）氟离子含量的两种测定方法的工作曲线在每次测定样品时都需要重新绘制。

第八章 电力用油气管理实务

本章主要从电力设备用油新油验收、运行维护、故障分析、换油补油、净化与再生、库存管理及安全防护等方面分别讲述变压器油、涡轮机油、抗燃油、齿轮油、SF_6气体及天然气相关内容。

第一节 变压器油监督与运行维护管理

一、变压器油选用原则

DL/T 1094—2018《电力变压器用绝缘油选用导则》规定了变压器用油的选用原则，适用于油浸式电力变压器（电抗器）类电气设备，包括 500kV 及以上超高压和特高压交流和换流变压器、并联和平波电抗器、互感器用的新变压器油（未使用过）的选择。

（一）通用要求

（1）供油方应有稳定的油源、对基础油严格的质量控制和管理方法，以及成熟的炼制工艺。所供油品应经过运行考核，证明具有良好的氧化安定性和质量稳定性。

（2）供油方提供符合标准规定的各项指标要求的检测报告，同时说明所加添加剂的种类和含量。

（3）选择变压器油倾点应低于最低月份环境平均温度。

（4）变压器油生产商供应的变压器油其油源、生产工艺和添加剂配方改变时应及时通知变压器油使用者。

（二）一般变压器用油

一般变压器用油技术要求包括通用和特殊两方面。对于在较高温度下运行的变压器或为延长使用寿命而设计的变压器的用油，应

满足变压器油（特殊）技术要求。具体技术要求和试验方法应符合
GB 2536—2011《电工流体　变压器和开关用的未使用过的矿物绝
缘油》，见表 8-1、表 8-2。低温开关用油参照上述标准执行，具体
技术要求见表 8-3。

表 8-1　　　　　变压器油（通用）技术要求和试验方法

项目		质量指标					试验方法
最低冷态投运温度（LCSET）		0℃	-10℃	-20℃	-30℃	-40℃	
功能特性[a]	倾点 /℃　　　　不高于	-10	-20	-30	-40	-50	GB/T 3535
	运动黏度（mm²/s）　不大于						GB/T 265
	40℃	12	12	12	12	12	
	0℃	1800	—	—	—	—	
	-10℃	—	1800	—	—	—	
	-20℃	—	—	1800	—	—	
	-30℃	—	—	—	1800	—	
	-40℃	—	—	—	—	2500[b]	NB/SH/T 0837
	水含量[c]（mg/kg）　不大于			30/40				GB/T 7600
	击穿电压（满足下列要求之一，kV）　不小于							GB/T 507
	未处理油			30				
	经处理油[d]			70				
	密度[e]（20℃，kg/m³）　不大于			895				GB/T 1884 和 GB/T 1885
	介质损耗因数[f]（90℃）　不大于			0.005				GB/T 5654

续表

项目		质量指标	试验方法
精制/稳定特性 g	外观	清澈透明、无沉淀物和悬浮物	目测 h
	酸值（以 KOH 计，mg/g）不大于	0.01	NB/SH/T 0836
	水溶性酸或碱	无	GB/T 259
	界面张力，（mN/m）不小于	40	GB/T 6541
	总硫含量 i（质量分数，%）	无通用要求	SH/T 0689
	腐蚀性硫 j	非腐蚀性	SH/T 0804
	抗氧化添加剂含量 k（质量分数，%）不含抗氧化添加剂油（U）	检测不出	SH/T 0802
	含微抗氧化添加剂油（T）不大于	0.08	
	含抗氧化添加剂油（I）	0.08~0.40	
	2- 糠醛含量（mg/kg）不大于	0.1	NB/SH/T 0812
运行特性 l	氧化安定性（120℃）试验时间：（U）不含抗氧化添加剂油 164h；（T）含微量抗氧化添加剂油 332h；（I）含抗氧化添加剂油：500h		
	总酸值（以 KOH 计，mg/g）不大于	1.2	NB/SH/T 0811
	油泥（质量分数，%）不大于	0.8	
	介质损耗因数（90℃）不大于	0.500	GB/T 5654
	析气性 l（mm³/min）	无通用要求	NB/SH/T 0810

续表

项目		质量指标	试验方法
健康、安全和环保特性 m	闪点（闭口，℃）　不低于	135	GB/T 261
	稠环芳烃（PCA）含量（质量分数，%）　不大于	3	NB/SH/T 0838
	多氯联苯（PCB）含量（质量分数，mg/kg）	检测不出 [n]	SH/T 0803

注 1. "无通用要求"指由供需双方协商确定该项目是否检测，且测定限值由供需双方协商确定。

　　2. 凡技术要求中的"无通用要求"和"由供需双方协商确定是否采用该方法进行检测"的项目为非强制性的

a 对绝缘和冷却有影响的性能。

b 运动黏度（-40℃）以第一个黏度值为测定结果。

c 当环境湿度不大于 50% 时，水含量不大于 30mg/kg，适用于散装交货；水含量不大于 40mg/kg，适用于桶装或复合中型集装容器（IBC）交货。当环境湿度大于 50% 时，水含量不大于 35mg/kg，适用于散装交货；水含量不大于 45 mg/kg，适用于桶装或复合中型集装容器（IBC）交货。

d 经处理油指试验样品在 60℃下通过真空（压力低于 2.5kPa）过滤流过一个孔隙度为 4 的烧结玻璃过滤器的油。

e 测定方法也包括用 SH/T 0604。结果有争议时，以 GB/T 1884 和 GB/T 1885 为仲裁方法。

f 测定方法也包括用 GB/T 21216。结果有争议时，以 GB/T 5654 为仲裁方法。

g 受精制深度和类型及添加剂影响的性能。

h 将样品注入 100mL 量筒中，在 20℃ ± 5℃下目测。结果有争议时，按 GB/T 511 测定机械杂质含量为无。

i 测定方法也包括用 GB/T 11140、GB/T 17040、SH/T 0253、ISO 14596。

j SH/T 0804 为必做试验。是否还需要采用 GB/T 25961 方法进行检测由供需双方协商确定。

k 测定方法也包括用 SH/T 0792。结果有争议时，以 SH/T 0802 为仲裁方法。

l 在使用中和 / 或在高电场强度和温度影响下与油品长期运行有关的性能。

m 与安全和环保有关的性能。

n 检测不出指 PCB 含量小于 2mg/kg，且其单峰检出限为 0.1mg/kg。

表 8-2　　　　　变压器油（特殊）技术要求和试验方法

项目			质量指标					试验方法
最低冷态投运温度（LCSET）			0℃	-10℃	-20℃	-30℃	-40℃	
功能特性[a]	倾点 /℃	不高于	-10	-20	-30	-40	-50	GB/T 3535
	运动黏度（mm²/s）　不大于							GB/T 265
	40℃		12	12	12	12	12	
	0℃		1800	—	—	—	—	
	-10℃		—	1800	—	—	—	
	-20℃		—	—	1800	—	—	
	-30℃		—	—	—	1800	—	
	-40℃		—	—	—	—	2500[b]	NB/SH/T 0837
	水含量[c]（mg/kg）　不大于		30/40					GB/T 7600
	击穿电压（满足下列要求之一，kV）　不小于							GB/T 507
	未处理油		30					
	经处理油[d]		70					
	密度[e]（20℃，kg/m³）　不大于		895					GB/T 1884 和 GB/T 1885
	苯胺点（℃）		报告					GB/T 262
	介质损耗因数[f]（90℃）　不大于		0.005					GB/T 5654

项目		质量指标	试验方法
精制/稳定特性[g]	外观	清澈透明、无沉淀物和悬浮物	目测[h]
	酸值（以 KOH 计，mg/g） 不大于	0.01	NB/SH/T 0836
	水溶性酸或碱	无	GB/T 259
	界面张力（mN/m） 不小于	40	GB/T 6541
	总硫含量[i]（质量分数，%）	0.15	SH/T 0689
	腐蚀性硫[j]	非腐蚀性	SH/T 0804
	抗氧化添加剂含量[k]（质量分数，%）		SH/T 0802
	含抗氧化添加剂油（I）	0.08~0.40	
	2- 糠醛含量（mg/kg） 不大于	0.05	NB/SH/T 0812
运行特性[l]	氧化安定性（120℃）		
	试验时间：（I）含抗氧化添加剂油：500h	总酸值（以 KOH 计，mg/g） 不大于	0.3	NB/SH/T 0811
		油泥（质量分数，%） 不大于	0.05	
		介质损耗因数（90℃） 不大于	0.050	GB/T 5654
	析气性（mm³/min）	无通用要求	NB/SH/T 0810
	带电倾向（ECT），（μC/m³）	报告	DL/T 385

续表

项目		质量指标	试验方法
健康、安全和环保特性（HSE）m	闪点（闭口，℃）　不低于	135	GB/T 261
	稠环芳烃（PCA）含量（质量分数，%）　不大于	3	NB/SH/T 0838
	多氯联苯（PCB）含量（质量分数，mg/kg）	检测不出[n]	SH/T 0803

注　凡技术要求中"由供需双方协商确定是否采用该方法进行检测"和测定结果为"报告"的项目为非强制性的。

a 对绝缘和冷却有影响的性能。

b 运动黏度（–40℃）以第一个黏度值为测定结果。

c 当环境湿度不大于 50% 时，水含量不大于 30 mg/kg 适用于散装交货；水含量不大于 40 mg/kg 适用于桶装或复合中型集装容器（IBC）交货。当环境湿度大于 50% 时，水含量不大于 35mg/kg 适用于散装交货；水含量不大于 45 mg/kg 适用于桶装或复合中型集装容器（IBC）交货。

d 经处理油指试验样品在 60℃ 下通过真空（压力低于 2.5kPa）过滤流过一个孔隙度为 4 的烧结玻璃过滤器的油。

e 测定方法也包括用 SH/T 0604。结果有争议时，以 GB/T 1884 和 GB/T 1885 为仲裁方法。

f 测定方法也包括用 GB/T 21216。结果有争议时，以 GB/T5654 为仲裁方法。

g 受精制深度和类型及添加剂影响的性能。

h 将样品注入 100mL 量筒中，在 20℃ ± 5℃ 下目测。结果有争议时，按 GB/T 511 测定机械杂质含量为无。

i 测定方法也包括用 GB/T 114.GB/T 17040、SH/T 0253、ISO 14596。结果有争议时，以 SH/T 0689 为仲裁方法。

j SH/T 0804 为必做试验。是否还需要采用 GB/T 25961 方法进行检测由供需双方协商确定。

k 测定方法也包括用 SH/T 0792。结果有争议时，以 SH/T 0802 为仲裁方法。

l 在使用中和 / 或在高电场强度和温度影响下与油品长期运行有关的性能。

m 与安全和环保有关的性能。

n 检测不出指 PCB 含量小于 2 mg/kg，且其单峰检出限为 0.1 mg/kg。

表 8-3　　　　　　　　低温开关油技术要求和试验方法

项目		质量指标	试验方法
最低冷态投运温度（LCSET）		−40℃	
功能特性 [a]	倾点　　　　　　　　　　不高于	−60	GB/T 3535
	运动黏度（mm²/s）　　　不大于 40℃	3.5	GB/T 265
	−40℃	400[b]	NB/SH/T 0837
	水含量 [c]（mg/kg）　　　不大于	30/40	GB/T 7600
	击穿电压（满足下列要求之一，kV）　　　　　　　　　　　不小于		GB/T 507
	未处理油	30	
	经处理油 [d]	70	
	密度 [e]（20℃，kg/m³）　不大于	895	GB/T 1884 和 GB/T 1885
	介质损耗因数 [f]（90℃）　不大于	0.005	GB/T 5654
精制/稳定特性 [g]	外观	清澈透明、无沉淀物和悬浮物	目测 [h]
	酸值（以 KOH 计，mg/g）　不大于	0.01	NB/SH/T 0836
	水溶性酸或碱	无	GB/T 259
	界面张力（mN/m）　　　不小于	40	GB/T 6541
	总硫含量 [i]（质量分数，%）	无通用要求	SH/T 0689
	腐蚀性硫 [j]	非腐蚀性	SH/T 0804
	抗氧化添加剂含量 [k]（质量分数，%） 含抗氧化添加剂油（I）	0.08~0.40	SH/T 0802
	2- 糠醛含量（mg/kg）　　不大于	0.1	NB/SH/T 0812

续表

项目			质量指标	试验方法
运行特性1	氧化安定性（120℃）试验时间：（D）含抗氧化添加剂油：500h		1.2	NB/SH/T 0811
		总酸值（以 KOH 计 mg/g）不大于		
		油泥（质量分数，%）不大于	0.8	
		介质损耗因数（90℃）不大于	0.500	GB/T 5654
	析气性（mm³/min）		无通用要求	NB/SH/T 0810
健康、安全和环保特性（HSE）m	闪点（闭口，℃）　　　　不低于		100	GB/T 261
	稠环芳烃 PCA）含量（质量分数，%）不大于		3	NB/SH/T 0838
	多氯联苯（PCB）含量（质量分数，mg/kg）		检测不出 n	SH/T 0803

注 1. "无通用要求"指由供需双方协商确定该项目是否检测，且测定限值由供需双方协商确定

2. 凡技术要求中的"无通用要求"和"由供需双方协商确定是否采用该方法进行检测"的项目为非强制性的

a 对绝缘和冷却有影响的性能。

b 运动黏度（-40℃）以第一个黏度值为测定结果。

c 当环境湿度不大于 50% 时，水含量不大于 30mg/kg 适用于散装交货；水含量不大于 40mg/kg 适用于桶装或复合中型集装容器（IBC）交货。当环境湿度大于 50% 时，水含量不大于 35mg/kg 适用于散装交货；水含量不大于 45mg/kg 适用于桶装或复合中型集装容器（IBC）交货。

d 经处理油指试验样品在 60℃下通过真空（压力低于 2.5kPa）过滤流过一个孔隙度为 4 的烧结玻璃过滤器的油。

e 测定方法也包括用 SH/T 0604。结果有争议时，以 GB/T 1884 和 GB/T 1885 为仲裁方法。

f 测定方法也包括用 GB/T 21216。结果有争议时，以 GB/T 5654 为仲裁方法。

g 受精制深度和类型及添加剂影响的性能。

h 将样品注入 100mL 量筒中，在 20℃ ±5℃下目测。结果有争议时，按 GB/T 511 测定机械杂质含量为"无"。

i 测定方法也包括用 GB/T 1140、GB/T 17040、SH/T 0253、ISO 14596。

j SH/T 0804 为必做试验。是否还需要采用 GB/T 25961 方法进行检测由供需双方协商确定。

k 测定方法也包括用 SH/T 0792。结果有争议时，以 SH/T 0802 为仲裁方法。

l 在使用中和（或）在高电场强度和温度影响下与油品长期运行有关的性能。

m 与安全和环保有关的性能。

n 检测不出指 PCB 含量小于 2mg/kg，且其单峰检出限为 0.1mg/kg。

（三）500kV 及以上变压器用油性能指标

（1）除通用要求外，还应符合 IEC 60296—2003 的要求。两者不一致时，以 IEC 60296—2003 为准，不再采用 SH 0040—1991《超高变压器油》。

（2）油基和添加剂。优先选择环烷基油。抗氧化剂可以选用 2，6 二叔丁基对甲酚（T501），含量为 0.3% ±0.05%。除此外，不推荐加其他任何添加剂，除非有公认的并经过大量试验和运行验证的添加剂。

（3）验收合格的新油经脱气和过滤净化处理后，还应满足表 8-4 中指标要求。

表 8-4　　　净化后变压器油品指标

指标	击穿电压（kV）	介质损耗因数（90℃）	水分（mg/L）	含气量（V/V，%）	油中颗粒数（≥5μm，个、100ml）
数值	≥70	≤0.002	≤10	≤1.0	报告

（4）特高压变压器、换流变压器、升压变压器、并联和平波电抗器及运行温度较高的变压器用油，应满足高氧化安定性和低硫含

量的要求，见表 8-5。

表 8-5 氧化安定性和硫含量指标

项目	指标
总酸值	≤0.3 mg /g（KOH）
沉淀	≤0.05%
介质损耗因数（90℃）	≤0.050
总硫含量	≤0.15%

注 1. 有些国家要求更严格和（或）有其他指标要求。
　　2. 有些国家对超高压（EHV）互感器和套管用油要求经 2h 氧化试验后（IEC 61125　C 法）的 DDF 不大于 0.020。

（5）对于 750kV 及特高压变压器、电抗器，油品供应单位应提供以下测试项目（包括测试方法和结果）的试验报告：脉冲击穿电压、析气性、带电度 / 带电倾向（ECT）、碳型结构及苯胺点分析结果、界面张力。

二、新变压器油监督

（1）新油验收时应对接收的全部油品进行监督，以防止出现差错或带入脏物。国产新变压器油应按 GB 2536—2011《电工流体　变压器和开关用的未使用过的矿物绝缘油》验收，进口设备用油应按合同规定验收。每一批交付的油品应附有一份生产商提供的文件，文件至少包括生产商名称、油品类别、合格证。如有要求，生产商应说明所添加的任何添加剂的类型和含量。

（2）新油到货验收取样按 GB/T 7597—2007《电力用油（变压器油、汽轮机油）取样方法》执行，检测项目可参照 GB/T 14542—2017《变压器油维护管理导则》中充油设备相应电压等级投运前检测项目。

（3）变压器新油应由厂家提供新油无腐蚀性硫、结构族、糠醛及油中颗粒度报告。如厂家无此数据，新油验收时应增加以上四项检测。

三、安装交接阶段的监督

（1）对新到的变压器，应先检查充氮压力表上的指示是否是微正压，然后从变压器本体取残油，做色谱和微水分析，确定设备是否受潮和变压器出厂时的状态。

（2）新油注入设备前应用真空滤油设备进行过滤净化处理，以脱除油中的水分、气体和其他颗粒杂质，达到表 8-6 要求后方可注入设备。对互感器和套管用油的检验依据 GB 50150—2016《电气装置安装工程　电气设备交接试验标准》有关规定执行。

表 8-6　　　　　　　　　　新油净化后质量指标

指标值　　　　　项目	设备电压等级（kV）					
	1000	750	500	330	220	≤110
击穿电压（kV）	≥75	≥75	≥65	≥55	≥45	≥45
水分（mg/L）	≤8	≤10	≤10	≤10	≤15	≤20
介质损耗因数（90℃）	≤0.005					
颗粒污染度（粒 [a]）	≤1000	≤1000	≤2000	—	—	—

[a] 100mL 油中大于 5μm 的颗粒数。

（3）净化脱气合格后的新油，经真空滤油机在真空状态下注入变压器本体，然后在真空滤油机和变压器本体之间进行热油循环，热油循环至少应保证变压器本体的油达到三个循环周期以上，当热油循环的各项指标达到表 8-7 的标准后，可停止热油循环。

表 8-7 热油循环后的质量指标

项目 指标值	设备电压等级（kV）					
	1000	750	500	330	220	≤110
击穿电压（kV）	≥75	≥75	≥65	≥55	≥45	≥45
水分（mg/L）	≤8	≤10	≤10	≤10	≤15	≤20
油中含气量（体积分数，%）	≤0.8	≤1	≤1	≤1	—	—
介质损耗因数（90℃）	≤0.005					
颗粒污染度（粒[a]）	≤1000	≤2000	≤3000	—	—	—

[a] 100mL 油中大于 5μm 的颗粒数。

（4）在变压器通电投运前，其油品质量应符合 GB/T 14542—2017 中"投入运行前的油"的要求。油中溶解气体组分含量的检验按照 DL/T 722—2014《变压器油中溶解气体分析和判断守则》的规定执行，具体指标见表 8-8。

表 8-8 新设备投运前油中溶解气体含量要求

设备	气体组分	含量（μL/L）	
		330kV 及以上	220kV 及以下
变压器和电抗器	氢气	<10	<30
	乙炔	<0.1	<0.1
	总烃	<10	<20
互感器	氢气	<50	<100
	乙炔	<0.1	<0.1
	总烃	<10	<20
套管	氢气	<50	<150
	乙炔	<0.1	<0.1
	总烃	<10	<20

四、运行维护阶段的监督

（1）运行中变压器油的质量指标依照 GB/T 14542—2017 中要求执行，技术指标见表 8-9、表 8-10，检测项目及周期见表 8-11，互感器和套管用油的检测项目及检测周期按照 DL/T 596—1996《电气设备预防性试验规程》的规定执行。

表 8-9　　　　　　　　　运行中变压器油质量标准

序号	检验项目	设备电压等级（kV）	质量标准		检验方法
			投入运行前的油	运行油	
1	外观	各电压等级	透明、无沉淀物和悬浮物		外观目视
2	色度（号）	各电压等级	≤2.0		GB/T 6540
3	水溶性酸（pH值）	各电压等级	>5.4	≥4.2	GB/T 7598
4	酸值（以 KOH 计，mg/g）	各电压等级	≤0.03	≤0.10	GB/T 264
5	闪点（闭口）（℃）	各电压等级	≥135		GB/T 261
6	水分（mg/L）	330~1000	≤10	≤15	GB/T 7600
		220	≤15	≤25	
		≤110	≤20	≤35	
7	界面张力（25℃，mN/m）	各电压等级	≥35	≥25	GB/T 6541
8	介质损耗因数（90℃）	500~1000	≤0.005	≤0.020	GB/T 5654
		≤330	≤0.010	≤0.040	
9	击穿电压（kV）	750~1000	≥70	≥65	GB/T 507
		500	≥65	≥55	
		330	≥55	≥50	
		66~220	≥45	≥40	
		≤35	≥40	≥35	

续表

序号	检验项目	设备电压等级（kV）	质量标准		检验方法
			投入运行前的油	运行油	
10	体积电阻率（90℃，$\Omega \cdot m$）	500~1000	$\geqslant 6 \times 10^{10}$	$\geqslant 1 \times 10^{10}$	DL/T 421
		≤330		$\geqslant 5 \times 10^{9}$	
11	油中含气量（体积分数，%）	750~1000	≤1	≤2	DL/T 703
		330~500		≤3	
		电抗器		≤5	
12	油泥与沉淀物[a]（质量分数，%）	各电压等级	—	≤0.02（以下可忽略不计）	GB/T 8926-2012
13	析气性	≥500	报告		NB/SH/T 0810
14	带点倾向（pC/mL）	各电压等级	—	报告	DL/T 385
15	腐蚀性硫	各电压等级	非腐蚀性		DL/T 285
16	颗粒污染度（粒[b]）	1000	≤1000	≤3000	DL/T 432
		750	≤2000	≤3000	
		500	≤3000	—	
17	抗氧化添加剂含量（质量分数，%）	各电压等级	—	>新油原始值的60%	SH/T 0802
18	糠醛含量（质量分数，mg/kg）	各电压等级	报告	—	NB/SH/T 0812 DL/T 1355
19	二苄基二硫醚（DBDS）含量（质量分数，mg/kg）	各电压等级	检测不出[c]	—	IEC 62697-1

a 按照 GB/T 8926—2012《在用的润滑油不溶物测定法》（方法 A）对"正戊烷不溶物"进行检测。

b 100mL 油中大于 $5\mu m$ 的颗粒数。

c 指 DBDS 含量小于 5 mg/kg。

表 8-10   运行中断路器油质量标准

序号	检验项目	设备电压等（kV）	质量标准	检验方法
1	外观	各电压等级	透明、无游离水分、无杂质或悬浮物	外观目视
2	水溶性酸（pH 值）	各电压等级	≥4.2	GB/T 7598
3	击穿电压（kV）	>110	投运前或大修后≥45 运行中≤40	GB/T 507
		≤110	投运前或大修后≥40 运行中≥35	

表 8-11   运行中变压器油、断路器油检测周期及检测项目

设备类型	设备电压等级（kV）	检测周期	检验项目
变压器	330~1000	每年至少一次	外观、色度、水分、介质损耗因数、击穿电压、油中含气量
	66~220	每年至少一次	外观、色度、水分、介质损耗因数、击穿电压
	≤35	3 年至少一次	水分、介质损耗因数、击穿电压
断路器	>110	每年一次	击穿电压
	≤110	3 年至少一次	击穿电压

注　油量少于 60kg 的断路器油 3 年检测一次击穿电压或以换油代替预试。

（2）对运行 10 年以上的变压器，必须进行一次油中糠醛含量测试；500kV 及以上变压器，建议运行 3~5 年后进行一次糠醛含量测试；交接、大修前、大修投运后 1 个月内，需开展一次油中糠醛含量检测。必要时检测油中糠醛含量的情况：如油中气体总烃超标及 CO、CO_2 含量过高，温升过高后及长期过载运行后。

（3）运行中变压器油中气体组分含量监督。

1）新投运变压器油油监督。新的或大修后的66kV及以上的变压器至少应在投运后第1天、第4天、第10天和第30天各做一次油中气体组分检测。新的或大修后的66kV及以上的互感器，宜在投运后3个月内做一次检测。制造厂规定不取样的全密封互感器可不做检测。

2）运行中变压器油中气体组分含量，指标按照DL/T 722—2014的规定执行，见表8-12；检测周期见表8-13。

表8-12　　　　　运行中设备油中溶解气体含量注意值

设备	气体组分	含量（μL/L）	
		330kV及以上	220kV及以下
变压器和电抗器	氢气	150	150
	乙炔	1	5
	总烃	150	150
	一氧化碳	（DL/T 722 10.2.3.1）	（DL/T 722 10.2.3.1）
	二氧化碳	（DL/T 722 10.2.3.1）	（DL/T 722 10.2.3.1）
电流互感器	氢气	150	300
	乙炔	1	2
	总烃	100	100
电压互感器	氢气	150	150
	乙炔	2	3
	总烃	100	100
套管	氢气	500	500
	乙炔	1	2
	总烃	150	150

注　该表所列数值不适用于从气体继电器取出的气样。

表 8-13　　　　　运行中设备的定期检测周期

设备类型	设备电压等级或容量	检测周期
变压器	电压 330kV 及以上、容量 240MVA 及以上的发电厂升压变压器油	3 个月
	电压 220kV、容量 120MVA 及以上	6 个月
	电压 66kV 及以上、容量 8MVA 及以上	1 年
互感器	电压 66kV 及以上	1~3 年
套管	—	必要时

注　制造厂规定不取样的全密封互感器和套管，一般在保质期内可不做检测。在超过保质期后，可视情况而定，但不宜在负压情况下取样。

3）特殊情况下油中气体组分含量检测周期调整。

a）当设备出现异常情况时（如变压器气体继电器动作、差动保护动作、压力释放阀动作以及经受大电流冲击、过励磁或过负荷，互感器膨胀动作等），应取油样进行检测。当气体继电器中有集气时需要取气样进行检测。

b）当怀疑设备内部有下列异常时，应根据情况缩短检测周期进行监测或退出运行。在检测过程中若增长趋势明显，须采取其他相应措施；若在相近运行工况下，检测三次后含量稳定，可适当延长检测周期，直至恢复正常检测周期。

①过热性故障，怀疑主磁回路或漏磁回路存在故障时，可缩短到每周一次；当怀疑导电回路存在故障时，宜缩短到至少每天一次。

②放电性故障，怀疑存在低能量放电时，宜缩短到每天一次；当怀疑存在高能量放电时，应进一步检查或退出运行。

（4）补油和混油监督。

1）油品需要混合使用时，参与混合的油品应符合各自的质量标准（新油应满足新油质量标准，运行油应满足运行油质量标准）。

2）电气设备充油不足需要补油时，应补加同一油基、同一牌号及同一添加剂类型的油品。应选用符合 GB 2536—2014 的未使用过的变压器油或符合 GB/T 7595—2017《运行中变压器油质量》的已使用过的变压器油，且补加油品的各项特性指标都应不低于设备内的油，补油量较多时（大于 5%），在补油前应先做混合油的油泥析出试验，确认无油泥析出、酸值及介质损耗因数低于设备内的油时，方可进行补油。

3）不同油基、牌号、添加剂类型的油原则上不宜混合使用。特殊情况下，如需将不同牌号的新油混合使用，应按混合油的实测倾点（参考 GB 2536—2014 新变压器油的倾点指标）决定是否适用于该地区使用，然后再按 DL/T 429.6—2015《电力用油开口杯老化测定法》进行开口杯老化试验。老化后混合油应无油泥析出，且混合油的酸值及介质损耗因数应不比最差的单个油样差。

（5）库存油管理。

1）经验收合格的油入库前须经过过滤净化合格方可注入备用油罐，库存备用的新油与合格的油应分类、分牌号存放并挂牌建账。

2）油在倒油罐、倒桶以及存油容器内再装入新油等前后均应进行油质检验，并做好记录，以防油错混与污染。长期存储的备用油，应定期（一般每半年一次）检验，以保证油质处于合格备用状态。

第二节　涡轮机油监督与运行维护管理

一、新涡轮机油的选用及质量标准

电力设备用涡轮机油的质量标准国内按 GB 11120—2011《涡轮机油》要求执行。该标准规定了涡轮机油的产品品种及标记、要求和试验方法、检验规则、标志、包装、运输和存储，适用于以精制矿物油或合成原料为基础油，加入抗氧化剂、腐蚀抑制剂和抗磨剂

等多种添加剂制成的，在电站涡轮机润滑和控制系统，包括蒸汽轮
机、水轮机、燃气轮机和具有公共润滑系统的燃气—蒸汽联合循环
涡轮机中使用的涡轮机油，也适用于其他工业或船舶用途的涡轮机
驱动装置润滑系统使用的涡轮机油，但不适用于抗燃型涡轮机油及
具有特殊要求的水轮机润滑油。

对于涡轮机油，质量一般要求在室温可见光下，交货油品外观
应清亮透明，不含任何可见颗粒物，且不含黏度指数改进剂。新油
技术要求和试验方法见表 8–14～表 8–16。

表 8–14　　　　　L–TSA 和 L–TSE 汽轮机油技术要求

| 项目 | 质量指标 | | | | | | | 试验方法 |
	A 级			B 级				
黏度等级（GB/T 3141）	32	46	68	32	46	68	100	
外观	透明			透明				目测
色度（号）	报告			报告				GB/T 6540
运动黏度（40℃，mm²/s）	28.8~35.2	41.4~50.6	61.2~74.8	28.8~35.2	41.4~50.6	61.2~74.8	90.0~110.0	GB/T 265
黏度指数　不小于	90			85				GB/T 1995[a]
倾点[b]（℃）　不高于	–6			–6				GB/T 3535
密度（20℃，kg/m³）	报告			报告				GB/T 1884 和 GB/T 1885[c]
闪点（开口，℃）　不低于	186	195		186	195			GB/T 3536

项目	质量指标					试验方法
	A 级		B 级			
酸值（以 KOH 计，mg/g）　不大于	0.2		0.2			GB/T 4945[d]
水分（质量分数，%）　不大于	0.02		0.02			GB/T 11133[e]
泡沫性（泡沫倾向/泡沫稳定性[f]，mL/mL）　不大于						GB/T 12579
程序 I（24℃）	450/0		450/0			
程序 II（93.5℃）	50/0		100/0			
程序 III（后24℃）	450/0		450/0			
空气释放值（50℃，min）　不大于	5	6	5	6	8	—	SH/T 0308
铜片腐蚀（100℃，3h，级）　不大于	1		1			GB/T 5096
液相锈蚀（24h）	无锈		无锈			GB/T 11143（B 法）
抗乳化性（乳化液达到 3mL 的时间，min）　不大于						GB/T 7305
54℃	15	30	15	30	—	
82℃	—	—	—	—	30	
旋转氧弹[g]（min）	报告		报告			SH/T 0193

续表

项目	质量指标							试验方法
	A 级			B 级				
氧化安定性 1000h 后总酸值（以 KOH 计，mg/g）不大于	0.3	0.3	0.3	报告	报告	报告	—	GB/T 12581
总酸值达 2.0mg/g（以 KOH 计）的时间（h）不小于	3500	3000	2500	2000	2000	1500	1000	GB/T 12581
1000h 后油泥（mg）不小于	200	200	200	报告	报告	报告	—	SH/T 0565
承载能力 h 齿轮机试验（失效级）不小于	8	9	10	—				GB/T 19936.1
过滤性								SH/T 0805
干法（%）不小于	85			报告				
湿法	通过			报告				
清洁度 i（级）不大于	—/18/15			报告				GB/T 14039

注　L–TSA 类分 A 级和 B 级，B 级不适用于 L–TSE 类。

a 测定方法也包括 GB/T 2541，结果有争议时，以 GB/T 1995 为仲裁方法。

b 可与供应商协商较低的温度。

c 测定方法也包括 SH/T 0604。

d 测定方法也包括 GB/T 7304 和 SH/T 0163，结果有争议时，以 GB/T 4945 为仲裁方法。

e 测定方法也包括 GB/T 7600 和 SH/T 0207，结果有争议时，以 GB/T 11133 为仲裁方法。

f 对于程序 I 和程序Ⅲ，泡沫稳定性在 300s 时记录；对于程序Ⅱ，在 60s 时记录。

g 该数值对使用中油品监控是有用的。低于 250min 属不正常。

h 仅适用于 TSE。测定方法也包括 SH/T 0306，结果有争议时，以 GB/T 19936.1 为仲裁方法。

i 按 GB/T 18854 校正自动粒子计数器，（推荐采用 DL/T 432 方法计算和测量粒子）。

表 8-15   L-TGA 和 L-TGE 燃气轮机油技术要求

项目	质量指标						试验方法
	A 级			B 级			
黏度等级（GB/T 3141）	32	46	68	32	46	68	
外观	透明			透明			目测
色度（号）	报告			报告			GB/T 6540
运动黏度（40℃，mm²/s）	28.8~35.2	41.4~50.6	61.2~74.8	28.8~35.2	41.4~50.6	61.2~74.8	GB/T 265
黏度指数　不小于	90			90			GB/T 1995[a]
倾点[b]（℃）　不高于	-6			-6			GB/T 3535
密度（20℃，kg/m³）	报告			报告			GB/T 1884 和 GB/T 1885[c]
闪点（℃）不低于							
开口	186			186			GB/T 3536
闭口	170			170			GB/T 261
酸值（以 KOH 计，mg/g）　不大于	0.2			0.2			GB/T 4945[d]
水分（质量分数，%）　不大于	0.02			0.02			GB/T 11133[e]
泡沫性（泡沫倾向/泡沫稳定性[f]，mL/mL）　不大于							GB/T 12579
程序 I（24℃）	450/0			450/0			
程序 II（93.5℃）	50/0			50/0			
程序 III（后 24℃）	450/0			450/0			

续表

项目	质量指标						试验方法
	A 级			B 级			
空气释放值（50℃，min）　不大于	5	6		5	6		SH/T 0308
铜片腐蚀（100℃，3h，级）　不大于	1			1			GB/T 5096
液相锈蚀（24h）	无锈			无锈			GB/T 11143（B 法）
旋转氧弹 g（min）	报告			报告			SH/T 0193
氧化安定性 1000h 后总酸值（以 KOH 计，mg/g）　不大于	0.3	0.3	0.3	0.3	0.3	0.3	GB/T 12581
总酸值达 2.0mg/g（以 KOH 计）的时间（h）　不小于	3500	3000	2500	3500	3000	2500	GB/T 12581
1000h 后油泥（mg）　不小于	200	200	200	200	200	200	SH/T 0565
承载能力 齿轮机试验（失效级）　不小于	—			8	9	10	GB/T 19936.1 h
过滤性 干法（%）　不小于 湿法	85 通过			85 通过			SH/T 0805
清洁度 i　不大于	—/17/14			—/17/14			GB/T 14039

a 测定方法也包括 GB/T 2541，结果有争议时，以 GB/T 1995 为仲裁方法。

b 可与供应商协商较低的温度。

c 测定方法也包括 SH/T 0604。

d 测定方法也包括 GB/T 7304 和 SH/T 0163，结果有争议时，以 GB/T 4945 为仲裁方法。

e 测定方法也包括 GB/T 7600 和 SH/T 0207，结果有争议时，以 GB/T 11133 为仲裁方法。

f 对于程序Ⅰ和程序Ⅲ，泡沫稳定性在 300s 时记录；对于程序Ⅱ，在 60s 时记录。

g 该数值对使用中油品监控是有用的。低于 250min 属不正常。

h 测定方法也包括 SH/T 0306，结果有争议时，以 GB/T 19936.1 为仲裁方法。

i 按 GB/T 18854 校正自动粒子计数器（推荐采用 DL/T 432 方法计算和测量粒子）。

表 8–16 L–TGSB 和 L–TGSE 燃气轮机油、汽轮机油技术要求

项目	质量指标						试验方法
	A 级			B 级			
黏度等级（GB/T 3141）	32	46	68	32	46	68	
外观	透明			透明			目测
色度（号）	报告			报告			GB/T 6540
运动黏度（40℃，mm²/s）	28.8~35.2	41.4~50.6	61.2~74.8	28.8~35.2	41.4~50.6	61.2~74.8	GB/T 265
黏度指数 不小于	90			90			GB/T 1995ᵃ
倾点ᵇ（℃） 不高于	−6			−6			GB/T 3535
密度（20℃，kg/m³）	报告			报告			GB/T 1884 和 GB/T 1885ᶜ
闪点（℃） 不低于 开口 闭口	200 190			200 190			GB/T 3536 GB/T 261
酸值（以 KOH 计，mg/g） 不大于	0.2			0.2			GB/T 4945ᵈ
水分（质量分数，%） 不大于	0.02			0.02			GB/T 11133ᵉ
泡沫性（泡沫倾向/泡沫稳定性ᶠ，mL/mL） 不大于 程序Ⅰ（24℃） 程序Ⅱ（93.5℃） 程序Ⅲ（后 24℃）	450/0 50/0 450/0			50/0 50/0 50/0			GB/T 12579

续表

项目	质量指标						试验方法
	A 级			B 级			
空气释放值（50℃，min）　不大于	5	5	6	5	5	6	SH/T 0308
铜片腐蚀（100℃，3h，级）　不大于	1			1			GB/T 5096
液相锈蚀（24h）	无锈			无锈			GB/T 11143（B 法）
抗乳化性（54℃，乳化液达到 3mL 的时间，min）　不大于	30			30			GB/T 7305
旋转氧弹（min）　不小于	750			750			SH/T 0193
改进旋转氧弹[g]（%）　不小于	85			85			SH/T 0193
氧化安定性　总酸值达 2.0mg/g（以 KOH 计）的时间（h）　不小于	3500	3000	2500	3500	3000	2500	GB/T 12581
高温氧化安定性（175℃，72h）　黏度变化（%）　酸值变化（以 KOH 计，mg/g）　金属片重量变化（mg/cm²）　钢　铝　镉　铜　镁	报告 报告 ±0.250 ±0.250 ±0.250 ±0.250 ±0.250			报告 报告 ±0.250 ±0.250 ±0.250 ±0.250 ±0.250			ASTM D4636[h]

续表

项目	质量指标				试验方法
	A 级	B 级			
承载能力 齿轮机试验（失效级）　　不小于	—	8	9	10	GB/T 19936.1[i]
过滤性 干法（%）　不小于 湿法	85 通过	85 通过			SH/T 0805
清洁度[j]　不大于	—/17/14	—/17/14			GB/T 14039

a 测定方法也包括 GB/T 2541，结果有争议时，以 GB/T 1995 为仲裁方法。

b 可与供应商协商较低的温度。

c 测定方法也包括 SH/T 0604。

d 测定方法也包括 GB/T 7304 和 SH/T 0163，结果有争议时，以 GB/T 4945 为仲裁方法。

e 测定方法也包括 GB/T 7600 和 SH/T 0207，结果有争议时，以 GB/T 11133 为仲裁方法。

f 对于程序 I 和程序 III，泡沫稳定性在 300s 时记录；对于程序 II，在 60s 时记录。

g 取 300mL 油样，在 121℃下，以 3 L/h 的速度通入清洁干燥的氮气，经 48h 后，按照 SH/T 0193 进行试验，用所得结果与未经处理的样品所得结果的比值的百分数表示。

h 测定方法也包括 GJB 563，结果有争议时，以 ASTM DA4636 为仲裁方法。

i 测定方法也包括 SH/T 0306，结果有争议时，以 GB/T 1996.1 为仲裁方法。

j 按 GB/T 18854 校正自动粒子计数器（推荐采用 DL/T 432 方法计算和测量粒子）。

二、新涡轮机油质量监督

（1）在新油交换时，国产涡轮机油应按 GB 11120—2011 进行验收，进口新油可按国际标准验收或合同约定的指标验收。此外，旋转氧弹还应符合表 8-17 的规定。

（2）每一批交付的油品应附有一份生产商提供的文件，至少包括生产商名称、油品类别、合格证。

（3）新油到货验收取样按 GB 7597—2007 执行，所有样品应于取样后立即检查外观，验收试验应在设备注油前全部完成。

（4）检验项目至少包括外观、色度、运动黏度、黏度指数、倾点、密度、闪点、酸值、水分、泡沫性、空气释放值、铜片腐蚀、液相锈蚀、抗乳化性、旋转氧弹和清洁度（颗粒污染度）。同时应向油品供应商索取氧化安定性、承载能力及过滤性的检测结果，并确保符合 GB 11120—2011 要求。

表 8-17　　　　　　　　新涡轮机油旋转氧弹质量标准

项目		质量指标	试验方法
旋转氧弹（150℃，min）	溶剂精制矿物油	≥300	SH/T 0193
	加氢矿物油	≥1000	

三、涡轮机油安装交接阶段的监督

（1）当新油注入设备后，应在油系统内进行油循环冲洗，并外加过滤装置，过程中取样测试颗粒污染度，至结果达到 SAE AS4059F 标准中 7 级或设备制造厂的要求，方能停止油系统的连续循环，同时取样进行油质全分析实验，试验结果应符合 GB/T 14541—2017《电力用矿物涡轮机油维护管理导则》要求。

（2）油系统在基建安装阶段的维护。

1）对制造厂供货的油系统设备，交货前应加强对设备的监造，以确保油系统设备尤其是具有套装式油管道内部的清洁。

2）验收时，除制造厂有书面规定不允许解体者外，一般都应解体检查其组装的清洁程度，包括有无残留的铸砂、杂质和其他污染物。对不清洁部件，应一一进行彻底清理。清理常用方法有人工擦洗、压缩空气吹洗、高压水力冲洗、大流量油冲洗、化学清洗等。清理方法的选择应根据设备结构、材质、污染物成分、状态、分布情况等因素而定。擦洗只适于清理能够达到的表面，对清除系统内分布较广的污染物常用冲洗法。对牢固附着在局部受污表面的清漆、胶质或其他不溶解污垢的清除，需用有机溶剂或化学清洗法。如果用化学清洗法，事前应同制造厂商议并做好相应措施准备。

3）对油系统设备验收时，要注意检查出厂时防护措施是否完好。在设备停放与安装阶段，对出厂时有保护涂层的部件，如发现涂层起皮或脱落，应及时补涂保持涂层完好；对无保护涂层的铁质部件，应采用喷枪喷涂防锈剂（油）保护。对于某些设备部件，如果采用防锈剂（油）不能浸润到全部金属表面，可采用或联合采用气相防锈剂（油）保护。实施时，应事先将设备内部清理干净，放入的药剂应能浸润到全部且有足够余量，然后封存设备，防止药剂流失或进入污物。对实施防锈保护的设备部件，在停放期内每月应检查一次。

4）油系统在清理与保护时所用的有机溶剂、涂料、防锈剂（油）等，使用前须检验合格，不含对油系统与运行油有害成分，特别是应与运行油有良好的相容。有机溶剂或防锈剂在使用后，其残留物应可被后续的油冲洗清除掉，而不会使运行油产生泡沫、乳化或破坏油中添加剂等不良后果。

5）油箱验收时，应特别注意检查其内部结构是否符合要求，如隔板和滤网的设置是否合理、清洁、完好，滤网与框架是否结合严密，各油室间油流不短路等，保证油箱在运行中有良好的除污能力。油箱上的门、盖和其他开口处应能关闭严密。油箱内壁应涂有耐油防腐漆，漆膜如有破损或脱落应补涂。油箱在安装时作注水试验后，应将残留水排尽并吹干，必要时用防锈剂（油）或气相防锈剂保护。

6）齿轮装置在出厂时，一般已在减速器涂了防锈剂（油），而齿轮箱内，则用气相防锈剂保护。安装前应定期检查其防护装件的密封状况，如有损坏应立即更换，如发现防锈剂损失，应及时补加并保持良好密封。

7）阀门、滤油器、冷油器、油泵等验收检查时，如发现部件内表面有一层硬质的保护涂层或其他污物时，应解体用清洁（过滤）的石油溶剂清洗，但禁用酸、碱清洗。清洗干净后，用干燥空气吹干，涂上防锈剂（油）后安装复原并封闭存放。

8）为防止轴承因意外污染而造成损坏，安装前应特别注意对轴承箱上的铸造油孔、加工油孔、盲孔、轴承箱内装配油管以及与油接触的所有表面进行彻底清除，杂物、污物清理后，用防锈油或气相防锈剂保护，并对开口处密封。

9）对制造厂组装成件的套装油管，安装前仍须复查组件内部的清洁程度，有保护涂层者还应检查涂层的完好与牢固性。现场配制的管段与管件，安装前须经化学清洗合格，并吹干密封。已经清理完毕的油管不得再在上面钻孔、气割或焊接，否则必须重新清理、检查和密封。油系统管道未全部安装接通前，对油管敞开部分应临时密封。

四、涡轮机油运行维护阶段的监督

（1）新机组投运 24h 后，应检测油品外观、色度、颗粒污染等级、水分、泡沫特性及抗乳化性。

（2）油系统检修后应取样检测油品的运动黏度、酸值、颗粒度污染等级、水分、抗乳化性及泡沫特性。

（3）运行人员每天应记录油品外观、油压、油温、油箱油位，定期记录油系统及过滤器的压差变化情况。

（4）运行中汽轮机油的质量指标、检测项目及周期见表 8-18、表 8-19。

（5）补油后，应在油系统循环 24h 后进行油质全分析。

（6）运行中系统的磨损、油品污染和油中添加剂的损耗状况，可结合油中元素分析进行综合判断；如果油质异常，应缩短试验周期，必要时取样进行全分析。

（7）油系统检修后集中启动前，涡轮机油的颗粒污染等级应不大于 SAE AS4059F 标准中 7 级的要求，运动黏度、酸值、水分、抗乳化性及泡沫特性应符合表 8–18 要求。

表 8–18　　　　　　　　运行中涡轮机油质量标准

序号	项目		质量指标	试验方法
1	外观		透明、无杂质或悬浮物	DL 429.1
2	色度		≤5.5	GB/T 6540
3	运动黏度 [a]（40℃）	32mm²/s	不超过新油测定值 ±5%	GB/T 265
		46mm²/s		
		68mm²/s		
4	闪点（开口杯）		≥180℃，且比前次测定值不低 10℃	GB/T 356
5	颗粒污染度等级 [b]（SAE AS4059F）		≤8 级	DL/T 432
6	酸值（以 KOH 计）		≤0.3mg/g	GB/T 264
7	液相锈蚀 [c]		无锈	GB/T 11143（A 法）
8	抗乳化性 [c]（54℃）		≤30min	GB/T 7605
9	水分 [c]		≤100mg/L	GB/T 7600
10	泡沫性（泡沫倾向 / 泡沫稳定性）	24℃	≤500/10mL/mL	GB/T 12579
		93.5℃	≤100/10mL/mL	
		后 24℃	≤500/10mL/mL	
11	空气释放值（50℃）		≤10min	SH/T 0308
12	旋转氧弹值（150℃）		不低于新油原始测定值的 25%，且汽轮机用油、水轮机用油≥100min、燃气轮机用油≥200min	SH/T 0193

续表

序号	项目		质量指标	试验方法
13	抗氧剂含量	T501 抗氧剂	不低于新油原始测定值的 25%	GB/T 7602
		受阻酚类或芳香胺类抗氧剂		ASTM D6971

a 32、46、68 为 GB/T 3141 中规定的 ISO 黏度等级。
b 对于 100 MW 及以上机组检测颗粒污染等级。对于 100 MW 以下机组目视检查机械杂质。对于调速系统或润滑系统和调速系统共用油箱使用矿物涡轮机油的设备，油中颗粒污染等级指标应参考设备制造厂提出的指标执行，颗粒污染分级标准参见 SAE AS4059F 附录 A。
c 对于单一燃气轮机用矿物涡轮机油，该项指标可不用检测。

表 8-19   运行中汽轮机油检测项目及周期

试验项目		投运一年内			投运一年后		
		蒸汽轮机	燃气轮机	水轮机	蒸汽轮机	燃气轮机	水轮机
外观		1 周	2 周		1 周	2 周	
色度		1 周	2 周		1 周	2 周	
运动黏度（40℃）		3 个月	6 个月		3 个月		1 年
闪点（开口）		必要时			必要时		
颗粒污染等级（SAE AS4059F）		1 个月			3 个月		
酸值（以 KOH 计）		3 个月	1 个月	6 个月	3 个月	2 个月	1 年
液相锈蚀		6 个月			6 个月		
抗乳化性（54℃）		6 个月			6 个月		
水分		1 个月			3 个月		
泡沫特性	24℃	6 个月	1 年		1 年		2 年
	93.5℃						
	后 24℃						

试验项目	投运一年内			投运一年后		
	蒸汽轮机	燃气轮机	水轮机	蒸汽轮机	燃气轮机	水轮机
空气释放	必要时			必要时		
旋转氧弹（150℃）	1 年	6 个月	1 年	1 年	6 个月	1 年	1 年
抗氧化剂含量	1 年	6 个月	1 年	1 年	6 个月	1 年	1 年

注 1. 如发现外观不透明，则应检测水分和破乳化度。
    2. 如怀疑有污染时，则应测定闪点、抗乳化性能、泡沫特性和空气释放值。

五、补油和混油监督

（1）需要补充油时，应补加经检验合格与原设备中相同黏度等级及同一添加剂类型的涡轮机油。补油前应对运行油、补充油和混合油样进行油泥析出试验，混合油无油泥析出或混合油样的油泥不多于运行油的油泥方可补加。

（2）不同品牌、不同质量等级或不同添加剂类型的涡轮机油不宜混用，当不得不补加时，应满足下列条件才能混用。

1）应对运行油、补充油和混合油进行质量全分析，试验结果合格，混合油样的质量不低于未混合油中质量最差的一种油。

2）应对运行油、补充油和混合油样进行开口杯老化试验，混合油样无油泥析出或混合油样的油泥不多于运行油的油泥，酸值不高于未混合油中质量最差的一种油。

六、库存油的管理

（1）经验收合格的油入库前须经过滤净化合格方可注入备用油罐，库存备用的新油与合格的油应分类、分牌号存放并挂牌建账。

（2）油在倒油罐、倒桶及存油容器内再装入新油等前后均应进行油质检验，并做好记录，以防油的错混与污染。长期存储的备用油，应定期（一般每年）检验外观、水分及酸值，以保证油质处于合格备用状态。

（3）油桶、油罐、管线、油泵以及计量、取样工具等应保持清洁；发现内部积水、脏污或锈蚀以及接触过不同油品或不合格油时，应及时清除或清洗干净；定期检测管线、阀门开关情况；污油、废油应用专门容器盛装并单独存放。

（4）油桶应严密上盖，油罐装有呼吸器并应经常检查和更换吸潮剂。

第三节　磷酸酯抗燃油监督与运行维护管理

一、磷酸酯抗燃油的选用原则

抗燃油作为一种合成的液压油，其某些特性与矿物油截然不同。抗燃油必须具备难燃性，但也要有良好的润滑性和氧化安定性，低挥发性和好的添加剂感受性。抗燃油的突出特点是比石油基液压油蒸汽压低，没有易燃和维持燃烧的分解产物，而且不沿油流传递火焰，甚至其分解产物构成的蒸气燃烧时，也不会引起整个液体着火。

一般来说磷酸酯抗燃油指的是有三个取代基的三代磷酸酯。三代磷酸酯依取代基的结构不同，又可将磷酸酯分为三芳基磷酸酯、三烷基磷酸酯和烷基芳基磷酸酯三类。因三芳基磷酸酯黏温性较好且闪点、自燃点、热解稳定性均较优，是目前汽轮机液压调节系统所用抗燃油中的主要成分。目前国内外普遍使用的是46号磷酸酯抗燃油。

电力发电系统选用磷酸酯抗燃油的原则：

（1）选用三芳基磷酸酯抗燃油。通过上述介绍，可做抗燃油的化合物种类很多，但合成的三芳基磷酸酯抗燃油更适合于汽轮机液压调节系统，故在机组的基建设计阶段，应首选三芳基磷酸酯抗燃油。

（2）最好选用同一牌号的抗燃油。同一电厂的多台机组或同一台机组的不同液压系统，最好选择同一牌号的抗燃油，以便于抗燃油的集中统一管理和监督，降低备用油量。

（3）推广使用国产高压抗燃油。实验表明，国产高压抗燃油的各项技术指标与进口抗燃油相当，且价格低廉。国内许多电厂的使用经验表明，国产抗燃油完全可以代替进口抗燃油。

二、磷酸酯抗燃油新油验收及质量监督

新油验收试验是把好抗燃油质量的关键一环。若液压系统中使用的新油有问题或不合格，则在运行使用中很难维护、处理和改善。

在购买新油前，首先应向销售部门索取油品出厂时的出厂质量报告，查验油品生产单位的资质，其技术指标是否符合 DL/T 571—2014《电厂用磷酸酯抗燃油运行维护导则》。

对于资质合格油品供应商，用户应到供货方现场采取油样，由用油单位或委托有关具有检测资质的单位进行油质全分析，待检验合格后，方可订立购买合同。

购进的每批新油到货后，用户还应进行到货验收检验，各项指标合格方可入库。国产新抗燃油按照 DL/T 571—2014 要求执行，质量指标及项目见表 8-20。进口新抗燃油按抗燃油生产厂商或进口合同的技术标准验收，但原则上不应低于 IEC 61221—2004 的要求。

表 8-20　　　　　　　新磷酸酯抗燃油质量标准

序号	项目	指标	试验方法
1	外观	透明，无杂质或悬浮物	DL/T 429.1
2	颜色	无色或淡黄	DL/T 429.2

续表

序号	项目		指标	试验方法
3	密度（20℃）		1130~1170kg/m^3	GB/T 1884
4	运动黏度（40℃）	ISO VG32	28.8~35.2mm^2/s	GB/T 265
		ISO VG46	41.4~50.6mm^2/s	
5	倾点		≤-18℃	GB/T 3535
6	闪点（开口）		≥240℃	GB/T 3536
7	自燃点℃		≥530℃	DL/T 706
8	颗粒物染度（SAE AS4059F）		≤6级	DL/T 432
9	水分		≤600mg/L	GB/T 7600
10	酸值		≤0.05mgKOH/g	GB/T 264
11	氯含量		≤50mg/kg	DL/T 433 或 DL/T 1206
12	泡沫特性	24℃	≤50/0mL/mL	GB/T 12579
		93.5℃	≤10/0mL/mL	
		后24℃	≤50/0mL/mL	
13	电阻率（20℃）		≥1×10^{10}Ω·cm	DL/T 421
14	空气释放值（50℃）		≤6min	SH/T 0308
15	水解安定性		≤0.5mgKOH/g	EN 14833
16	氧化安定性	酸值	≤1.5mgKOH/g	EN 14832
		铁片质量变化	≤1.0mg	
		铜片质量变化	≤2.0mg	

三、磷酸酯抗燃油安装交接阶段的监督

（1）新油注入油箱后应在油系统内进行油循环冲洗，并外加过滤装置过滤。

（2）在系统冲洗过滤过程中，应取样测试颗粒污染度，直至测定结果达到设备制造厂要求的颗粒污染度后，再进行油动机等部件

的动作试验。

（3）外加过滤装置继续过滤，直至油动机等动作试验完毕，取样化验颗粒污染度合格后可停止过滤，同时取样进行油质全分析试验，试验结果应符合要求。

（4）磷酸酯抗燃油系统设备的验收清洗。调速系统设备到货后，应严格进行检查。首先将各部件拆开，逐一清洗干净。若有残留焊渣、污染物、铁锈，应全部清理干净，特别是错油门、伺服阀、滑块等部件，表面如有锈蚀定要擦掉，使其原来光洁面得以暴露；油箱及油管路也应清理干净，油箱要用面沾；有些部件擦洗干净后，还要用抗燃油浸泡，如当时不能组装，一定要用塑料薄膜密封保存好，使其免受外界污染。

为了减少抗燃油中杂质粒子的含量，在系统安装时，应注意防范任何可能的污染源。所有的管件、部套均应封好。焊接采用氢弧焊，安装完成后应进行油冲洗。其具体冲洗工艺为：

1）冲洗前应将所有 DEHC 系统中的节流孔拆除，电液伺服阀、电磁阀均应用冲洗管道代替，永久性过滤器用临时过滤器代替，以便于大流量冲洗。

2）将验收合格的抗燃油注满连接管路和系统，并检查油箱内的液位；切断通往冷油器的循环冷却水；检查整个系统是否泄漏，如有泄漏应立即检修。

3）加热抗燃油，使其油温维持在 40~45℃。启动油泵进行大流量循环冲洗，其冲洗量一般不应低于额定流量的 2 倍。在冲洗过程中，应用铜锤敲击管道、法兰及焊口弯头等部位，以加快冲洗速度和改善冲洗效果。

4）在冲洗过程中，应注意观察过滤器的压差变化，当压差接近或超过极限时，则表明过滤器被赃物堵塞，应立即进行更换。

5）在冲洗开始时，冲洗油不要流经旁路再生装置，在经过几个循环冲洗周期，颗粒度接近合格后，再投旁路再生装置。

6）在冲洗一定的时间之后，每隔一定的时间用取样瓶从主回油管路取油样，做抗燃油的颗粒度分析，以检查油系统的循环冲洗效果。

现场检验方法是，用 20 倍的读数显微镜，检查抗燃油样品滤纸上的杂质颗粒，当连续三次测定油样滤纸上没有大于 100μm 的大颗粒之后，再用标准取样瓶采取油样，委托具有精密颗粒度测定仪的单位做全面的粒度分析。如颗粒污染度达到 NAS 5 级标准，且冲洗过程中酸值保持不变，酸值最大不超过 0.1mgKOH/g 时，才可结束冲洗，否则需继续冲洗。

7）在油冲洗结束后，应排尽系统内的全部冲洗油，并对油箱滤网等进行清理清洗，然后将系统的所有部件复位，使之恢复到正常的运行工况，最后再注入合格的清洁抗燃油。注意在恢复系统时，应尽量避免系统的二次污染。

8）检查液—氮蓄能器的充氮压力是否正常；检查油箱顶部的空气过滤器，其所用干燥剂如受潮则需要更换。

9）将旁路再生装置的阀门打开，以便开机时投用。

抗燃油系统大修后，也应对系统进行循环冲洗，其冲洗方法与上述方法相似。

四、磷酸酯抗燃油运行维护阶段的监督

（1）运行人员应定期进行巡检，巡检下列主要项目。

1）定期记录油压、油温、油箱油位。

2）记录油系统及旁路再生装置精密过滤器的压差变化情况。

3）记录每次补油量、油系统及旁路再生装置精密器滤芯、旁路再生装置的再生滤芯或吸附剂的更换情况。

（2）运行中抗燃油的监督项目与周期。

1）DL/T 571—2014 中规定了国产抗燃油的运行质量标准，见表 8-21。进口抗燃油的运行质量标准原则上可参照国产高压抗燃油的运行标准执行。

2）机组正常运行情况下，磷酸酯抗燃油的监督项目与周期见

表 8-22，每年至少进行一次油质全分析。机组检修重新启动前应进行油质全分析检测，启动 24h 后再次取样，测定颗粒污染度。

3）每次补油后应测定颗粒污染度、运动黏度、密度和闪点。如发现某指标不合格或接近不合格时，应及时查明原因并消除；如果油质异常，应缩短试验周期，必要时取样进行全分析；如果油质超标，应进行评估并提出建议，并通知有关部门，查明油质指标超标原因，并采取相应措施。表 8-23 为运行中磷酸酯抗燃油油质超标的原因及处理措施。

表 8-21　　　　　运行中磷酸酯抗燃油质量标准

序号	项目		指标	试验方法
1	外观		透明，无杂质或悬浮物	DL/T 429.1
2	颜色		橘红	DL/T 429.2
3	密度（20℃）		1130~1170kg/m³	GB/T 1884
4	运动黏度（40℃）	ISO VG32	27.2~36.8mm²/s	GB/T 265
		ISO VG46	39.1~52.9mm²/s	
5	倾点		≤-18℃	GB/T 3535
6	闪点（开口）		≥235℃	GB/T 3536
7	自燃点		≥530℃	DL/T 706
8	颗粒物染度（SAE AS4059F）		≤6 级	DL/T 432
9	水分		≤1000mg/L	GB/T 7600
10	酸值		≤0.15mgKOH/g	GB/T 264
11	氯含量		≤100mg/kg	DL/T 433 或 DL/T 1206
12	泡沫特性	24℃	≤200/0mL/mL	GB/T 12579
		93.5℃	≤40/0mL/mL	
		后 24℃	≤200/0mL/mL	
13	电阻率（20℃）		≥6×10⁹Ω·cm	DL/T 421

续表

序号	项目	指标	试验方法
14	空气释放值（50℃）	≤10min	SH/T 0308
15	矿物油含量	≤4%	DL/T 571 附录 C

表 8-22　　　　　试验室试验项目及周期

序号	试验项目	第一个月	第二个月后
1	外观、颜色、水分、酸值、电阻率	两周一次	每月一次
2	运动黏度、颗粒污染度	—	三个月一次
3	泡沫特性、空气释放值、矿物油含量	—	六个月一次
4	外观、颜色、密度、运动黏度、倾点、闪点、自燃点、颗粒污染度、水分、酸值、氯含量、泡沫特性、电阻率、空气释放值和矿物油含量	—	机组检修重新启动前、每年至少一次
5	颗粒污染度	—	机组启动 24h 后复查
6	运动黏度、密度、闪点和颗粒污染度	—	补油后
7	倾点、闪点、自燃点、氯含量、密度	—	必要时

表 8-23　　　运行中磷酸酯抗燃油油质异常原因及处理措施

项目	异常极限值	异常原因	处理措施
外观	混浊、有悬浮物	（1）油中进水；（2）被其他液体或杂质污染	（1）脱水过滤处理；（2）考虑换油
项目	异常极限值	异常原因	处理措施
颜色	迅速加深	（1）油品严重劣化；（2）油温升高，局部过热；（3）磨损的密封材料污染	（1）更换旁路吸附再生滤芯或吸附剂；（2）采取措施控制油温；（3）消除油系统存在的过热点；（4）检修中对油动机等解体检查、更换密封圈

项目	异常极限值	异常原因	处理措施
密度（20℃）	<1130kg/m³ 或 >1170kg/m³	被矿物油或其他液体污染	换油
倾点℃	>−15℃		
运动黏度（40℃）	与新油牌号代表的运动黏度中心值相差超过±20%		
矿物油含量	>4%		
闪点	<220℃		
自燃点	<500℃		
酸值	>0.15mgKOH/g	（1）运行油温高，导致老化；（2）油系统存在局部过热；（3）油中含水量大，发生水解	（1）采取措施控制油温；（2）消除局部过热；（3）更换吸附再生滤芯，每隔48h取样分析，直至正常；（4）如果更换系统的旁路再生滤芯还不能解决问题，可考虑采用外接带再生功能的抗燃油滤油机滤油；（5）如果经处理仍不能合格，考虑换油
水分	>1000mg/L	（1）冷油器泄漏；（2）油箱呼吸器的干燥剂失效，空气中水分进入；（3）投用了离子交换树脂再生滤芯	（1）消除冷油器泄漏；（2）更换呼吸器的干燥剂；（3）进行脱水处理
氯含量	>100mg/kg	含氯杂质污染	（1）检查是否在检修或维护中用过含氯的材料或清洗剂等；（2）换油

续表

项目		异常极限值	异常原因	处理措施
电阻率 （20℃）		$<6\times10^9\Omega\cdot cm$	（1）油质老化； （2）可导电物质污染	（1）更换旁路再生装置的再生滤芯或吸附剂； （2）如果更换系统的旁路再生滤芯还不能解决问题，可考虑采用外接带再生功能的抗燃油滤油机滤油； （3）换油
颗粒污染度		>6级	（1）被机械杂质污染； （2）精密过滤器失效； （3）油系统部件有磨损	（1）检查精密过滤器是否破损、失效，必要时更换滤芯； （2）检修时检查油箱密封及系统部件是否有腐蚀磨损； （3）消除污染源，进行旁路过滤，必要时增加外置过滤系统过滤，直至合格
泡沫特性	24℃	>250/50mL/mL	（1）油老化或被污染； （2）添加剂不合适	（1）消除污染源； （2）更换旁路再生装置的再生滤芯或吸附剂； （3）添加消泡剂； （4）考虑换油
	93.5℃	>50/10mL/mL		
	后24℃	>250/50mL/mL		
空气释放值 （50℃）		>10min	（1）油质劣化； （2）油质污染	（1）更换旁路再生滤芯或吸附剂； （2）考虑换油

（3）运行中磷酸酯抗燃油的维护

1）调整汽轮机电液调节系统的结构。汽轮机电液调节系统的结构对磷酸酯抗燃油的使用寿命有着直接的影响，因此电液调节系统的设计安装应考虑下列因素：

a. 系统应安全可靠，磷酸酯抗燃油应采用独立的管路系统，管路中应减少死角，便于冲洗系统。

b. 油箱容量大小应适宜，可储存系统的全部用油，其结构应有利于分离油中空气和机械杂质。

c. 回油速度不宜过高，回流管路出口应位于油箱液面以下，以免油回到油箱时产生冲击、飞溅形成泡沫，影响杂质和空气的分离。

d. 油系统应安装有精密过滤器、磁性过滤器，随时除去油中的颗粒杂质。

e. 抗燃油系统的安装布置应远离过热蒸汽管道，应避免对抗燃油系统部件产生热辐射，引起局部过热，加速油的老化。

f. 应选择高效的旁路再生系统，可随时将油质劣化产生的有害物质除去，保持运行油的酸值、电阻率等指标符合标准要求。

2）磷酸酯抗燃油系统运行温度。磷酸酯抗燃油正常运行应控制在 35~55℃之间，当系统油温超过正常温度时，应查明原因，同时采取措施控制油温。

3）油系统检修应主要下列问题：

a. 不应用含氯的溶剂清洗系统部件。

b. 更换密封材料时应采用制造厂规定的材料。

c. 检修结束后，应进行油循环冲洗过滤，颗粒污染度指标应符合表 8-21 的规定。

4）添加剂。运行磷酸酯抗燃油中需加添加剂时，应进行添加效果的评价试验，并对油质进行全分析；必要时征求供应商意见，添加剂不应对油品的理化性能造成不良影响。

（4）补油与混油管理。

1）运行中的电液调节系统需要补加磷酸酯抗燃油时，应补加经检验合格的相同品牌、相同牌号规格的磷酸酯抗燃油。补油前应对混合油样进行油泥析出试验，油样的配比应与实际使用的比例相同，试验合格方可补加。

2）不同品牌规格的抗燃油不宜混用，当不得不补加不同品牌的磷酸酯抗燃油时，应满足下列条件才能混用：

a. 应对运行油、补充油和混合油进行质量全分析，试验结果合格，混合油样的质量应不低于运行油的质量。

b. 应对运行油、补充油和混合油样进行开口杯老化试验，混合油样无油泥析出，老化后补充油、混合油油样的酸值、电阻率质量指标应不低于运行油老化后的测定结果。

3）补油时，应通过抗燃油专用补油设备补入，补入油的颗粒污染度应合格；补油后应从油系统取样进行颗粒污染度分析，确保油系统颗粒污染度合格。

4）磷酸酯抗燃油不应与矿物油混合使用。

（5）库存磷酸酯抗燃油的管理。对库存的磷酸酯抗燃油应做好油品入库、储存、发放工作，防止油的错用、混用及油质劣化，库存磷酸酯抗燃油应进行下列管理：

1）对新购磷酸酯抗燃油验收合格方可入库。

2）对库存油应分类存放，油桶标记清楚。

3）库房应清洁、阴凉干燥，通风良好。

第四节　齿轮油监督与运行维护管理

一、齿轮油的选用原则

风力发电机多安装在偏远、空旷、多风地区，如我国的新疆、内蒙古及沿海地区。增速齿轮箱的工作环境苛刻，属于高低温差大、高湿气，加上较大的扭力负荷，要求齿轮油除了具有良好的极压抗磨性能、抗乳化性能、热氧化安定性外，要求齿轮油能防止表面经热除理而硬化的新型齿轮发生微点蚀带来的损害，给齿轮提供优异的润滑保护，同时还应具有较低的摩擦系数，以降低齿轮传动的功率损耗。

目前，风电场多采用全合成工业齿轮油，其具有低温性能好、氧化安定性好、使用寿命长等优点。这种齿轮油分为 PAO（聚 α-烯烃）和 PAG（聚醚型）两种合成油型产品，以 PAO 型合成油产品居多，黏度等级多为 320。

α- 烯烃合成油的化学结构与矿物油最接近，长链分子结构单一，故又称其为合成烃润滑油，其黏度指数高，黏温特性优良；倾点低，低温流动性和高温稳定性好；可再较广的温度范围内运行；长时间使用清洁性好，具有一定的抗擦伤、抗点蚀能力。

风力发电机主齿轮箱润滑多处于混合润滑状态，对齿轮油既要求具有适合的黏度，保证低负荷下形成流体动力膜和弹性流体动力膜，又要求有合适的添加剂组分，以保证在较高负荷下形成边界润滑膜。对风力发电机齿轮油的性能要求如下：

（1）高黏度指数。要求具有稳定的高温黏度和优异的低温流动性，既能适应夏季的高温，又能适应隆冬的严寒。

（2）极压抗磨性。要求有良好的极压抗磨性，确保有效油膜，最大限度地减少冲击性负荷造成的微点蚀（抗微点蚀能力大于 10 级，抗刮伤负载能力大于 13 级）。

（3）油膜稳定性。要求具有良好的油膜稳定强度和承载力，防止齿面胶合，并充分吸收振动能力。

（4）水解安定性、抗乳化性。要求具有极高的水解安定性、抗乳化性和优异的防腐抗锈蚀能力，以适应沿海地区或海上风电设备潮湿的工作环境。

（5）氧化安定性和热安定性。要求具有高温热氧化稳定性以抑制有机酸、胶质、沥青质和油泥等物质的产生，防止金属部件腐蚀磨损、延长换油周期、降低运维成本、减少非计划性停机。

（6）抗泡沫性。如果抗泡沫性不好，泡沫不易扩散，会影响油膜形成。另外，夹带泡沫后，实际工作油量减少，影响机组散热，易造成磨损和胶合。

（7）防锈防腐蚀性。在水和氧气的共同作用下，齿轮和齿轮箱会产生锈蚀。齿轮油中的酸性物质和硫化物添加剂调配不当，也会产生设备腐蚀。

（8）剪切安定性。风力发电机齿轮油受到机械剪切作用，油中高分子化合物分子链被剪断成为小分子化合物，造成黏度下降，黏温性能随之下降。

（9）密封适应性。齿轮油良好的密封材料适应性，可确保变速箱的完好密封，防止风沙、灰尘对变速箱系统的浸蚀，也避免了齿轮油中油品的泄漏。

二、新齿轮油验收及质量监督

新齿轮机油质量指标按 GB/T 33540.3—2017《风力变电机组专用润滑剂 第 3 部分：变速箱齿轮油》规定执行，也可参照国际标准或与油品供应商协商的技术指标进行验收。建议验收检测项目包括运动黏度、黏度指数、表观黏度（-30℃）、倾点、泡沫特性、水分、铜片腐蚀、清洁度。新齿轮油供应商应提供该批次油品出厂检验报告，检验项目及指标中应符合 GB/T 33540.3—2017 要求（见表8-24），且检测项目应包含闪点（开口）、抗乳化性、液相锈蚀（B法）、氧化安定性、承载能力（四球法）、抗磨损性能（四球机法）、承载能力（FZG 目测法）、剪切安定性。散装、桶装齿轮油同一批次抽检比例不低于总数 10%。

表 8-24　风力发电机组变速箱齿轮油（合成型）的技术要求和试验方法

项目	质量指标			试验方法
	黏度等级（GB/T 3141）			
	150	220	320	
运动黏度（mm²/s） 40℃ 100℃	135~165 报告	198~242 报告	288~352 报告	GB/T 265 或 NB/SH/T 0870[a]
黏度指数　　　　不小于	140	150	150	GB/T 1995 或 GB/T 2541[b]

续表

项目	质量指标			试验方法
	黏度等级（GB/T 3141）			
	150	220	320	
表观黏度（-30℃，mPa×s）　　　　　不高于	150000			GB/T 11145
倾点（℃）　　　　　　　不高于	-40	-40	-33	GB/T 3535
闪点（开口，℃）　　　　不低于	220			GB/T 3536
泡沫特性（泡沫倾向/泡沫稳定性，mL/mL）				GB/T 12579
程序Ⅰ（24℃）　　　　不大于	50/0			
程序Ⅱ（93.5℃）　　　不大于	50/0			
程序Ⅲ（后24℃）　　　不大于	50/0			
抗乳化性（82℃）				GB/T 8022
油中水（体积分数，%）　不大于	2.0			
乳化液（mL）　　　　　不大于	1.0			
总分离水（mL）　　　　不小于	80.0			
水分（质量分数，%）　　不大于	痕迹			GB/T 260
液相锈蚀（24h）	无锈			GB/T 11143（B法）
铜片腐蚀（100℃，3h，级）不大于	1			GB/T 5096
氧化安定性（121℃，312h）				SH/T 0123
100℃运动黏度增长值（%）不大于	4			
沉淀值增长值（mL）　　不大于	0.1			
承载能力（四球法）				GB/T 3142
烧结负荷 P_D[N（kgf）]　　不小于	2450（250）			
综合磨损值 ZMZ[N（kgf）] 不小于	441（45）			

续表

项目	质量指标			试验方法
	黏度等级（GB/T 3141）			
	150	220	320	
抗磨损性能（四球机法） 磨斑直径（196N，60min，54 ℃，1800r/min，mm） 不大于	0.35			SH/T 0189
抗微点蚀性能测试 失效等级（级） 不小于 耐久试验	10 高级			FVA 54/I–IV
FE8轴承磨损试验（D–7.5/80–80） 滚柱磨损（mg） 不大于 保持架磨损（mg）	30 报告			DIN 51819–3
承载能力（FZG目测法，通过级） 大于	12			NB/SH/T 0306
剪切安定性（20h） 剪切后40℃运动黏度（mm²/s）	在黏度等级范围内			NB/SH/T 0845
清洁度ᶜ（级） 不大于	8			DL/T 432
橡胶相容性ᵈ	报告			GB/T 1690

a 结果有争议时，以GB/T 265为仲裁方法。
b 结果有争议时，以GB/T 1995为仲裁方法。
c 清洁度按照DL/T 432测定方法进行判定，在客户需求时，可同时提供按GB/T 14039的分级结果。
d 根据客户提供的橡胶试验件，双方协商确定试验条件及指标。

三、齿轮油安装交接阶段的监督

（1）新建、检修后风力发电机组启动前应对齿轮油系统进行油冲洗，直到冲洗油的颗粒污染度等级达到表8-25要求或设备制造商的技术规范。新油加入齿轮箱前应进行过滤，颗粒污染度等级应符合表 8-25 要求或设备制造商的技术规范。

表 8-25　　　风力发电机闭式齿轮油颗粒污染等级技术规范

阶段油样	颗粒污染度等级（GB/T 14039）	颗粒污染度等级（SAE AS4059F）
齿轮箱加入的油	≤ -/17/14	≤ 8
试运行 72h，齿轮箱润滑油（强制循环系统）	≤ -/19/16	≤ 10
正常运行期间，齿轮箱润滑油（用于强制循环系统）	≤ -/20/17	≤ 11

（2）试运行期间齿轮油监督。试运行 240h，进行首次油质检测。检测比例按照不同风力发电机机型的 10% 抽样，抽样比例不低于 10%。油质检测项目应包括运动黏度、颗粒污染度、酸值增加值、水分、液相锈蚀及光谱元素分析，指标应符合 DL/T 1461—2015《发电厂齿轮用油运行及维护管理导则》要求。对于油质检测存在不合格项目的齿轮箱，应由风机厂商、安装单位和风力发电场进行原因分析并制定处理措施进行处理，直至再次检测油质合格，才能进行机组的移交。

四、齿轮油运行维护阶段的监督

（1）应定期检查并记录油温、油箱油位、过滤器的滤芯压差及油系统管路的密封状况。

（2）齿轮箱试运行期间，如油温低于设备制造商规定的最低运行温度，应投用加热器，提高齿轮油温度，在油液未达到工作温度前严禁施加载荷，应同步对齿轮油进行过滤处理，检测油位应正常或及时补加。

（3）在试运行 72h 内应进行首检，检测项目为黏度、颗粒污染度、酸值、水分、旋转氧弹和光谱分析，运行 6 个月后应按照表 8–26 中每年需检测的项目进行检测，之后应按表 8–26 中检验周期进行检测。检测宜采用抽检形式进行，每次检测应对每种型式机组分别进行抽检。抽检时应对某一机型机组进行交叉抽检，抽检数量不应低于该机型的 10%，如有异常，扩大检测或增加检测次数。

（4）运行中齿轮油的质量指标及检测周期应符合表 8–26 的要求，主齿轮箱齿轮油运行维护工作见表 8–27。

表 8–26 运行齿轮油检测项目和周期

序号	检测项目	质量指标	周期	试验方法
1	油箱液位、外观	运行设定值，均匀、透明、无可见悬浮物	3~6 个月	目测
2	油液温度	运行设定值	3~6 个月	目测
3	空气滤清器	污堵检查	3~6 个月	目测
4	润滑油过滤器滤芯压差	根据压差更换	3~6 个月	目测
5	润滑油管路渗漏	外观检查	3~6 个月	目测
6	运动黏度（40℃）	288~352mm^2/s	12 个月	GB/T 265
7	闪点（开口）	≥195℃，且与新油原始值比不低于 5℃	必要时	GB/T 3535
8	颗粒污染等级	≤-/20/17	12 个月	GB/T 14039
9	倾点	与新油原始值比较不低于 5℃	必要时	GB/T 3535
10	酸值（增加值）	< 0.8mgKOH/g	12 个月	GB/T 7304
11	水分	< 1000mg/L	12 个月	GB/T 7600
12	铜片腐蚀（100℃，3h）	≤2a 级	必要时	GB/T 5096
13	氧化安定性（旋转氧弹法）	报告试验数据与新油对比	每两年	SH/T 0193

序号	检测项目	质量指标	周期	试验方法
14	泡沫性（泡沫倾向 / 泡沫稳定性） 24℃ 93.5℃ 后 24℃	≤500/10mL/mL ≤500/10mL/mL ≤500/10mL/mL	必要时 [a]	GB/T 12579
15	极压性能（梯姆肯试验机法） OK 负荷值 N（kgf）	≥222.4（50）	必要时 [a]	GB/T 11144
16	四球机试验 烧结负荷（PD） N（kgf） 综合磨损指数 N（kgf） 磨斑直径（196N, 60min，54℃， 1800r/min）	报告	每两年	GB/T 3142
17	光谱元素分析	与新油的各项数据进行对比，并跟踪报告异常结论	12 个月	GB/T 17476
18	油泥析出试验	无	12 个月	DL/T 429.7

a 必要时是指油颜色、外观异常、乳化、补油后等情况。

表 8-27　　风力发电机组主齿轮箱齿轮油运行维护工作

序号	运行维护内容
1	定期对齿轮油箱吸湿器已经吸湿剂进行检查，吸湿器内应无积油及堵塞现象，检查吸湿剂是否失效，应及时更换吸湿剂
2	定期对齿轮箱油液滤芯的前后压差进行检查，达到规定值时应及时更换，并按照规定时间定期更换滤芯或每年更换一次

续表

序号	运行维护内容
3	定期检查和取油样过程中应防止齿轮油受到外界灰尘、金属碎末、锈蚀产物和水的污染
4	定期检测齿轮油系统阀门、油管路、油箱、过滤器、冷油器各连接处有无漏油现象，记录油位和油液外观、颜色
5	根据齿轮油设备、运行环境和使用齿轮油的类型、用油量以及检测指标的变化情况，确定齿轮油是否需要进行净化处理或换油
6	运行齿轮油达不到质量标准时，可采用移动式滤油机对出现不合格指标进行净化处理，滤油机温度应控制在 65℃以内，其额定流量不得小于实际的过滤油液的流量，过滤精度应不大于 5μm 或符合齿轮设备、齿轮油生产厂商的规定

（5）运行中应监督所有与大气相通的门、孔、盖等部位，防止污染物的直接侵入。如发现运行油受到水分、杂质污染，应对齿轮油进行脱水、净化处理。当运行过程中出现酸值、泡沫特性等指标不合格时，可对齿轮油进行再生处理，并添加适宜的添加剂。

（6）运行中需要补加油时，应补加经检验合格的相同品牌、相同规格的油。补油前应按照 DL/T 429.6—2015 进行混油试验，油样的比例应与实际使用的比例相同，混合油样开口杯老化后油泥量不高于运行中油的油泥量时方可进行补加。当需要补加不同品牌的油时，除按照 DL/T 429.6—2015 进行混油试验外，还应对混合油样进行全分析试验，混合油样的质量不应低于运行油的质量标准。

（7）对库存油应做好油品入库、存储、发放工作，不应错用、混用，应防止油质劣化。库存油管理应符合下列要求：

1）对新购油应由供应商出具质量保证书，以及批次、批号、产地供验收确认，取样检验合格后方可入库。

2）对库存油应分类存放，油桶标记清楚。

3）库存油应进行油质检验。除应对每批入库、出口油做检验外，还应进行库存油移动时的检验与监督。

4）库房应清洁、阴凉干燥，通风良好，温度及湿度符合油品供应商的要求。

第五节 SF$_6$气体监督与运行维护管理

一、新SF$_6$气体验收及质量监督

（1）生产厂家提供的SF$_6$新气应具有生产厂家名称、气体净重、灌装日期、批准及质量检验单。

（2）SF$_6$新气应按照合同规定指标或参照GB/T 12022—2014规定验收。

（3）在SF$_6$新气到货后15天内，应按照GB/T 12022—2014中的分析项目和质量指标进行质量验收。瓶装SF$_6$抽样检测应按照GB/T 12022—2014规定要求随机抽样检验，成批验收。

（4）验收合格后，应将气瓶转移到阴凉、干燥、通风的专门场所直立存放。

（5）SF$_6$气体在储气瓶内存放半年以上时，使用单位设备气室内充气前，应复检其中的湿度和空气含量，指标应符合GB/T 12022—2014要求。

二、SF$_6$气体安装交接阶段的监督

（1）SF$_6$气体注入设备24h后必须进行湿度试验，且必须对设备内气体进行SF$_6$气体纯度检测，额定压力下进行现场SF$_6$泄漏率检测，质量要求按GB/T 8905—2012《六氟化硫电气设备中气体管理和检测导则》执行。

（2）对充气压力低于0.35MPa且用气量少的SF$_6$电气设备（如35kV以下的断路器），只要不漏气，交接时气体湿度合格，除在异常时，运行中可不检测气体湿度。

三、SF₆气体运行维护阶段的监督

（1）运行中 SF₆ 气体的检测项目、标准及周期按 DL/T 595—2016《六氟化硫电气设备气体监督导则》及 DL/T 1359—2014《六氟化硫电气设备故障气体分析和判断方法》执行，见表 8-28。

（2）对充气压力低于 0.35MPa 且用气量少的 SF₆ 电气设备（如 35kV 以下的断路器），只要不漏气，交接时气体湿度合格，除在异常时，运行中可不检测气体湿度。

表 8-28　　　　运行中 SF₆ 气体的检测项目及周期

检测项目		检测指标	检测周期	检测方法
湿度	有电弧分解物的气室	≤300 μL/L	（1）投运前；（2）投运后 1 年内复测 1 次；（3）正常运行 3 年 1 次；（4）诊断检测	DL/T 50 或 DL/T 915
	无电弧分解物的气室	≤500 μL/L		
气体年泄漏率		≤0.5%（可按照每个检测点泄漏值≤30uL/L 执行）	（1）投运前；（2）诊断检测	GB/T 11023 或 DL/T 596
空气（质量分数）		≤0.2%	诊断检测	DL/T 920
四氟化碳（质量分数）		≤0.1%	诊断检测	DL/T 920
矿物油		≤10 μg/g	诊断检测	DL/T 919
酸度（以 HF 计）		≤0.3 μg/g	诊断检测	GB/T 8905
二氧化硫		≤2 μL/L	1~3 年 / 次	DL/T 1205
硫化氢		≤2 μL/L	1~3 年 / 次	DL/T 1205
可水解氟化物		≤1.0 μg/g	诊断检测	DL/T 918
氟化氢		≤2.0 μL/L	1~3 年 / 次	DL/T 1205

（3）补气。

1）发现 SF_6 电气设备泄漏时应及时补气，所补气体应符合新气质量标准，补气时接头及管路应干燥。

2）符合新气质量标准的气体均可混合使用。

3）SF_6 气体在储气瓶内存放半年以上时，充气于 SF_6 气室前，应复检其中的湿度和空气含量，指标应符合新气标准。

（4）对开展 SF_6 湿度在线监测的发电企业，监测数据应与实验室检测数据进行比对，如数据偏差较大，应分析原因，及时更换在线监测装置传感器。

（5）存储、使用 SF_6 气体的场所应通风良好，室内场所应有底部强制通风装置和 SF_6 泄漏报警装置，且应定期效验。

（6）备用 SF_6 气瓶管理。SF_6 气瓶在存放时要有防晒、防潮的遮蔽措施。储存气瓶的场所应宽敞，通风良好，且不准靠近热源及油污的地方。气瓶安全帽、防振圈应齐全，气瓶应分类存放、注明明显标志，存放气瓶应竖放、固定、标志向外，运输时可以卧放。

第六节　油品老化与防止

一、变压器油老化与防止

变压器油加入到变压器后，在运行过程中，因受溶解在油中的氧气、温度、电场、电弧及水分、杂质和金属催化剂等作用，发生氧化、裂解等化学反应，会不断变质老化，生成大量的过氧化物及醇、醛、酮、酸等氧化产物，再经过缩合反应而生成油泥等不溶物，这些氧化产物将对变压器造成致命的影响。

（1）为延长运行中变压器油的寿命，应采取的防劣措施如下：

1）在油中添加抗氧化剂（如 T501 抗氧化剂），以提高油的氧化安定性。

2）安装油连续再生装置即净油器，以清除油中存在的水分、游离碳和其他老化产物。

3）安装油保护装置（包括呼吸器和密封式储油柜），以防止水分、氧气和其他杂质的侵入。

（2）防劣措施的选用应根据充油电气设备的种类、型式、容量和运行方式等因素来选择。

1）为充分发挥防劣措施的效果，电力变压器应至少采用以上三种中所列举的一种防劣措施。对大容量或重要的电力变压器，必要时可采用两种或两种以上的防劣措施配合使用。

2）对低电压、小容量的电力变压器，应装设净油器；对高电压、大容量的电力变压器，应装设密封式储油柜。

3）对110kV及以上电压等级的油浸式高压互感器，应采用隔膜密封式储油柜或金属膨胀器结构。

4）变压器在在运行中，应避免足以引起油质劣化的超负荷、超温运行方式，并应采取措施定期清除油中气体、水分、油泥和杂质等。做好设备检修时的加油、补油和设备内部清理工作。

（3）油中添加T501抗氧化剂。

1）抗氧化剂的选择。提高油的抗氧化能力，延长油的运行寿命，我国自20世纪60年代开始在油中添加抗氧化剂。油中添加抗氧化剂的作用机理主要是延长油的诱导期，抑制油的继续氧化。抗氧化剂应具备下列基本性能：①具有高度的抗氧化性能，即油品中加入极少量（千分之几或万分之几）的抗氧化剂后，油品的氧化安定性就能有显著的改善。②具有高度的灵敏性及广泛的应用范围，能适用于不同产地、不同精制程度的新油、再生油和运行中油。③在油中有良好的溶解度，但不溶于水，且无吸湿性。加入油中后，对油的理化、电气、润滑等性能均无影响。④无腐蚀性，在运行中不挥发、不发热、不沉淀、不分解等。石油产品使用的抗氧化剂种类繁多，但对变压器油，目前我国使用最广、效果最好的抗氧化剂为T501，即2，6-二叔丁基对甲酚，是烷基酚抗氧化剂系列中抗氧化性能最好的一种。

2）T501 抗氧化剂的使用。T50l 抗氧化剂是以甲酚和异丁烯为原料进行烷基化反应，再经中和、结晶而制得的。由于工艺条件和原料纯度，在反应过程中会有许多烷基酚的同系物或异构体生成，以及残留的甲酚存在。烷基酚同系物其各自的抗氧化能力是大不相同的，所以在购买 T501 抗氧化剂时，应对其质量进行检验（见表8-29）。必须保证添加的是合格产品，如有必要时还可进行油在添加 T501 抗氧化剂后的抗氧化安定性试验，以确认其产品质量。同时还应注意产品的保管，因 T501 抗氧化剂见光、受潮或存放时间过长，会使产品的颜色发黄而降低质量。

表 8-29　　　　　　　T501 抗氧化剂的质量标准

项目	SH 0015—1990《501 抗氧剂》		试验方法
	一级品	合格品	
外状	白色结晶	白色结晶	目测
游离甲酚	≤0.015%	≤0.03%	SH0015 附录 A
初熔点	69.0~70.0℃	68.5~70.0℃	GB 617
灰分	0.01%	0.03%	GB 509
水分	0.06%	—	GB/T 606
闪点（闭口）	报告	—	GB/T 261

3）T501 抗氧化剂与其他种类的抗氧化剂相比，具有如下的性能优点：

a. 由于 T501 抗氧化剂的独特的化学结构（屏蔽酚），所以它具有高度的抗氧化性能。油中加入这种抗氧化剂后，能有效地改善油的氧化稳定性，降低油氧化形成的酸性产物、沉淀物的含量，并抑制低分子有机酸的生成。

b. T501 抗氧化剂有较广泛的适用范围，不仅适用于新油、再生油和轻度老化的油，而且对于许多类型的润滑油，添加后均有效果。

c. T501 抗氧化剂对油的溶解性能良好，不会使油产生沉淀物。

d. T501 抗氧化剂本身及其氧化生成产物对绝缘油和设备中的固体绝缘材料的介电性能，均不会产生不良的影响。

e. T501 抗氧化剂为中性、无腐蚀性、不溶于水、不吸潮、沸点高（265℃）、挥发性低、不易损失，而且无毒。

综上所述，T501 抗氧化剂可以明显延缓油的老化，延长油的使用寿命，是运行中变压器油防劣的一项有效措施，具有效果好、费用省、操作简便、维护工作量少等优点，在国内外得到了广泛的应用和认可。

对许多新油来说，T501 抗氧化剂在油中的添加量与油的氧化安定性有密切关系，一般是油的氧化寿命随着添加剂量的增加而增加，但对不同牌号的油，由于化学组成、精炼方法或精制深度的不同，添加抗氧化剂后的氧化寿命与添加剂量的关系并不相同。

4）T501 抗氧化剂的添加方法。运行中油在添加 T501 抗氧化剂之前应清除设备内和油中的油泥、水分和杂质。具体加入方法为：

a. 热溶解法。从设备中放出适量的油，加温至 50℃ 左右，将所需量的 T501 抗氧化剂加入，边加入边搅拌，使 T501 抗氧化剂完全溶解，配制成含 5%~10%（质量分数）浓度的母液，然后通过滤油机，将其加入循环状态的设备内的油中并混合均匀，以防药剂过浓导致未溶解的药剂颗粒积沉在设备内。添加后，油的电气性能应合格。

b. 从热虹吸器中添加。将 T501 抗氧化剂按所需要的量分散放在热虹吸器上部的硅胶层内，由设备内通向热虹吸器的热油流将药剂慢慢溶解，并随油流带入设备内混匀。

5）其他添加剂的选用原则。变压器油中除添加抗氧化剂外，原则上不推荐加其他任何添加剂，如抗凝剂、静电抑制剂（BTA）、抗析气添加剂（增加芳烃）、消泡剂、精炼过程改进剂、防腐蚀的钝化剂等，除非有公认的并经过大量试验和运行验证的，方可选择。

6）添加 T501 抗氧化剂油的维护和监督。为了保证抗氧化剂能够发挥更大的作用，对添加抗氧化剂的油除按 GB/T 7595—2017《运行中变压器油质量标准》规定的试验项目和检验周期进行油质监督外，还应定期测定油中 T501 抗氧化剂的含量，必要时还应进行油的抗氧化安定性试验，以掌握油质变化和 T501 抗氧化剂的消耗情况。当添加剂含量低于规定值时，应进行补加。如设备补入不含 T501 抗氧剂油时，应同时补足添加剂量。每逢设备大修时，对设备应进行全面检查，若发现有大量油泥和沉淀物时，应加以分析是否含未溶解的添加剂，并查出原因采取措施进行消除。变压器同时投入热虹吸器，有利于发挥抗氧化剂的作用，对稳定油质更具有效果，但应注意及时更换失效的吸附剂。

（4）安装油连续再生装置（即净油器）。净油器是利用颗粒状吸附剂对变压器油进行运行中连续吸附净化的装置，具有结构简单、使用方便、维护工作量少，而对油防劣效果好等优点，所以在变压器上得到广泛的使用，成为变压器油防劣的一项有效措施。

1）净油器的分类。根据净油器的循环方式，净油器可分为两类：热虹吸净油器和强制循环净油器。热虹吸器是利用温差产生的虹吸作用，使油流自然循环净化；强制循环净油器则是借强迫油循环的油泵，使油循环和净化。热虹吸器用于油浸自冷风冷式变压器，而强制循环净油器则用于具有强迫油循环水冷与风冷式的变压器。因此，可根据变压器的具体情况选用不同的净油器。

2）吸附剂的准备与填装。热虹吸器及强制循环净油器中装填的吸附剂一般选用硅胶（用得最多），还可选用活性氧化铝、人造沸石或分子筛等。在选用吸附剂时，要求吸附剂应具备：①颗粒适当、大小均匀。一般选用 4~6mm 大小的球状颗粒，小于 3mm 或大于 7mm 的颗粒应筛选除掉。②机械强度应良好，应不易破碎。

③吸附能力要强，一般应选用比表面积较大的粗孔硅胶，要求吸附剂的吸酸能力应不小于 5mgKOH/g，对筛选好的吸附剂在装入净油器前应在 150~200℃下干燥 4h，经烘干后的吸附剂要用密封容器盛装或用干燥的新油浸泡，防止吸附剂受潮或污染。在装入净油器时，应将吸附剂层铺平、压实，并注意靠近器壁处不能有空隙。为能有效地排除吸附剂内的空气，应从净油器底部进油，使油充满整个吸附剂层，以彻底驱除内部的空气。

3）使用中的维护和监督。净油器在投入运行时应切换重瓦斯继电器、改接信号，并应随时打开放气塞（或放气门），以排尽内部的气体。投运期间按 GB/T 7595—2017《变压器油运行质量标准》的规定检验周期化验油质变化情况。每次检验应在净油器进、出口分别取样，当发现油中的酸值、介质损耗因数有上升趋势时，说明吸附剂已失效，应及时更换新的吸附剂。在更换吸附剂时，应注意检查净油器下部滤网是否完好，如发现破损，应即修理或更换，以避免吸附剂漏入系统中的危险。对于失效的吸附剂，有必要时可检查其吸附的油中劣化产物的含量，以判明该吸附剂的实际净化效果，失效的吸附剂还应收集或进行再生处理以便继续使用，不得随意抛扔，造成环境的污染。

（5）安装油保护装置（包括呼吸器和密封式储油柜）。防止油品氧化的根本办法是能够有效地阻止水分和氧的侵入，使变压器油不受潮和延缓油氧化的早期发生，延长绝缘材料的使用寿命。随着对变压器附件（组件）重视程度的提高和附件技术的进步，储油柜（油枕）的规格和形式发生了许多变化，不同原理、不同技术含量的储油柜（油枕）进入市场。根据 JB/T 6484—2016《变压器用储油柜》，密封式储油柜主要有耐油橡胶密封式储油柜和金属波纹密封式储油柜两大类。

1）耐油橡胶密封式储油柜。变压器油与空气用耐油橡胶材料隔离主要由柜体、胶囊（或隔膜）、注放油管、油位计、集污盒和吸湿器等组成，并由胶囊（或隔膜）将油与空气隔离，防止空气中氧和水分的浸入，可以延长变压器油的使用寿命，具有良好的防油老化作用。其胶囊密封式储油柜结构如图 8-1 和图 8-2 所示。隔膜密封式储油柜结构如图 8-3 所示、双密封隔膜式储油柜结构如图 8-4 所示。

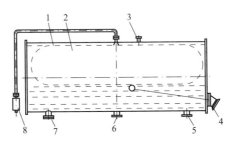

图 8-1　胶囊密封式储油柜结构示意图

1—柜体；2—胶囊；3—放气管；4—油位计；5—注放油管；

6—气体继电器联管；7—集污盒；8—吸湿器

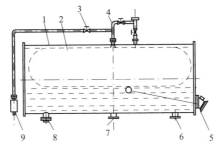

图 8-2　胶囊密封式储油柜（真空注油式）结构示意图

1—柜体；2—胶囊；3—阀门；4—连管（接抽真空装置）；

5—油位计；6—注放油管；7—气体继电器联管；8—集污盒；9—吸湿器

　　胶囊式储油柜是在储油柜内部装有一个充满氮气后密闭且能承受较高压力的橡皮囊，油位计另与一个胶囊连通；隔膜式储油柜是将储油柜隔膜周边压装在上下两片储油柜边沿之间，下侧贴在油面上，上侧和大气相接触，集聚在隔膜外的凝结露水通过放水塞排出。这两种类型的储油柜（油枕）在结构上都是内壁与油直接接触，而外壁与大气（或通过呼吸器）相通。由于这项措施结构简单、维护方便、效果显著，因而，目前在国内外得到广泛的应用。

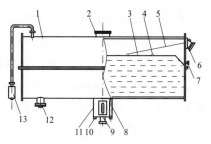

图 8-3　隔膜密封式储油柜结构示意图

1—柜体；2—视察窗；3—隔膜；4—放气塞；5—连杆；6—油位计；

7—放水塞；8—放气管；9—气体继电器联管；10—注放油管；

11—集气盒；12—集污盒；13—吸湿器

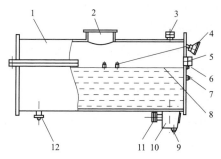

图 8-4　双密封隔膜式储油拒结构示意图

1—柜体；2—视察窗；3—吸湿器管接头；4—油位表；5—密封胶垫；

6—放水塞；7—排气塞；8—隔膜；9—注放油管接头；10—集气盒；

11—气体继电器联管；12—集污盒

我国自 20 世纪 70 年以来开始采用隔膜密封的防劣措施，几十年来的实践积累了丰富的经验，但也发现了许多诸如材质、工艺和结构型式等方面的问题，致使运行中出现假油位、喷油、隔膜龟裂、渗油、渗气等异常情况。所以，为提高隔膜密封装置的防潮、防劣效果，必须注意下面几点：①结构设计：油位计应改成有压油袋式或用浮子、磁性油位计，取消防爆筒而采用压力释放器。②隔膜袋容积：一般应为油枕容积的 85%~90%。③隔膜袋的材质：应使用具有良好的气密性、耐油性、柔软性、耐温耐寒性、耐老化性，以及具有强度高、重量轻的材料。目前国内主要使用氯乙醇橡胶、丁晴橡胶和聚氨酯橡胶等，并以尼龙布、锦丝绸等作为隔膜袋的增强材料。

运行监督与维护：运行中应经常检查隔膜袋内气室呼吸是否畅通，如吸潮器堵塞应及时排除，以防溢油。应注意油位变化是否正常，如发现油位忽高忽低时，说明油枕内可能存有空气，应想办法排除。运行中，油质应按规程要求定期检验并测定油中含气量和含水量，当发现油质明显劣化或油中含气、含水量增高时，应仔细检查隔膜袋是否破裂并采取相应措施。

2）金属波纹密封式储油柜。金属波纹密封式储油柜是由可伸缩的金属波纹芯体构成的容积可变的容器，能使变压器油与空气完全隔离，从而防止变压器油受潮氧化，延缓老化过程。其主要由金属波纹芯体、防护罩（或柜体）、油位（量）指示、排气管、注油管等组成。按结构可分为内油式和外油式两类，金属波纹（内油）密封式储油柜结构如图 8-5 所示，金属波纹（外油波纹管式）密封式储油柜结构如图 8-6 所示，金属波纹（外油盒式）密封式储油柜结构如图 8-7 所示。

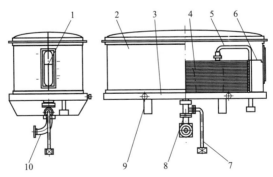

图 8-5　金属波纹（内油）密封式储油柜结构示意图

1—油位视察窗；2—防护罩；3—柜座；4—金属波纹芯体；5—排气软管；

6—油位指针；7—注油管；8—三通；9—柜脚；10—气体继电器联管

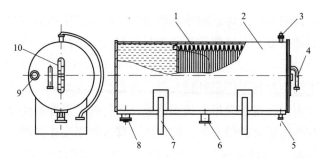

图 8-6　金属波纹（外油波纹管式）密封式储油柜结构示意图

1—金属波纹芯体；2—柜体；3—排气管接头；4—呼吸管接头；
5—注放油管接头；6—气体继电器联管；7—柜脚；8—集污盒；
9—油位报警接线端子；10—油量指示

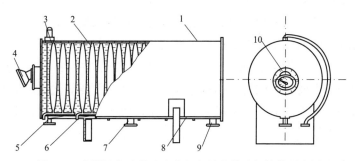

图 8-7　金属波纹（外油盒式）密封式储油柜结构示意图

1—柜体；2—金属波纹芯体；3—排气管接头；4—油位计；
5—注放油管接头；6—呼吸嘴；7—气体继电器联管；8—柜脚；
9—集污盒；10—油位报警接线端子

运行使用的波纹管储油柜分为内油式和外油式两种。

内油式储油柜是变压器油通过瓦斯继电器直接流入金属波纹体内。变压器油温升高时，油膨胀进入金属波纹体，变压器油温降低时，变压器油返回变压器本体。立式波纹储油柜的波纹管补偿组件为椭圆形（也有用长方形的），立放在金属底盘上波纹体内，装满绝缘油，体外是防尘罩，金属波纹体随变压器油温升高或降低而上下移动，自动补偿变压器油体积的变化。内油式储油柜波纹体内壁与变压器油接触，波纹体用不锈钢材料制成，全封闭，内部无进入异物的可能，不受空气和水分的污染，有效地保护了变压器油质。由于是不锈钢材料做体积补偿元件，寿命长、免维护，真正实现变压器的全密封，维护简单、费用低廉，运行的可靠性和经济性得到提高。在变压器事故情况下，假如压力释放阀不动作，波纹管体积可迅速膨胀，可做泄压组件来保护变压器，虽然其发生了永久变形，但增加了变压器允许的安全性和可靠性。波纹管的外罩与大气相连通，环境温度较低时，波纹管（相对的金属表面积大）又具有良好的散热作用。故而降低了变压器油温和损耗，效益得到提高。储油柜还可在 −30℃时保持微正压运行，可有效防止由于环境变化造成变压器、储油柜内部负压运行潮湿气体进入变压器油中。与波纹管联体的油位指针在变压器温度变化时上下移动，直观可靠，灵敏度高，不会发生假油位现象，而且便于实现与中央信号的连接，以实现远方监控。同时，还有储油量大、注油方便等优点。但波纹管储油柜要求制造工艺和材料对每一个波纹体单元伸缩刚性必须一致，否则易发生变形。冬季必须按标准加足变压器油，不然会发生储油柜无油现象。

外油式储油柜是变压器油通过瓦斯继电器流入装有密封波纹体的金属桶内，金属波纹体内壁与大气相连通。变压器油温升高，油膨胀以后进入金属桶；当变压器油温降低时，变压器油在大气压的作用下回到变压器本体。金属波纹体是一个可以随变压器油温变化而使波纹体体积变化的膨胀（收缩）体。

内油式和外油式储油柜都设有类似水暖散热器片，所以不结露也不积水，且具有储油量大、全密封、免维护，使用年限长等优点。但不足的是每一节波纹管的伸缩刚性要求必须一致，否则突然变形易使瓦斯保护误动；波纹管焊接面多，一旦渗漏不易发现；结构相对复杂、安装不方便、注油操作繁复，在变压器故障情况下，压力释放阀一旦拒动，变压器可能会变形损坏等。

储油柜使用中需注意的问题：①有部分用户在使用波纹式储油柜后，出现油中氢气含量增加的现象，这主要与波纹式储油柜内壁出厂时未进行脱氢钝化处理所致。②有载分接开关作为变压器的重要组件，其在运行过程中需要经常性地根据负载状况进行电压调节。由于在调节过程中不可避免地会产生电弧，产生一定的气体，而受全密封金属波纹膨胀器容积的制约，不利于油分解产生气体的释放，因此有载分接开关的小储油柜不宜采用全密封的金属波纹膨胀器。③储油柜玻璃观察窗右侧一般都设有各个温度阶段对应的参考加油量标尺刻度。由于受各个地区温度、湿度及海拔等因素的制约，储油柜生产厂家不可能很细致地标注各个温度阶段的对应加油量，一般只标注 –30℃、0℃、20℃和40℃四个参考标尺刻度，在注油时应严格根据当天未投运前的环境温度参考标尺刻度来注油，以免注入了相对过量的变压器油，导致油位过高撑破储油柜金属芯体。

二、涡轮机油老化与防止

涡轮机油循环时会吸收空气。油在紊流时及流向轴承、联轴器和排油口时，都会携带空气。油能与氧反应形成溶解的或不溶解的氧化物。油的轻度氧化一般害处不大，这是由于最初的生成物是可溶性的，对油没有明显的影响。可是进一步氧化时，则会产生有害的不溶性产物。继续深度氧化将在轴承通道内、冷油器、过滤器、主油箱和联轴器内，形成胶质和油泥。这些物质的堆积，会形成绝热层限制了轴承部件的热传导。其可溶性的氧化物，在低温时又会转化为不溶性的物质而沉析出来，累积在润滑系统的较冷部位，特别是在冷油器内。油氧化后会使黏度增大，影响轴承的功能。此外，氧化也能导致复杂的有机酸生成，当有水分存在情况下会加速腐蚀轴承和润滑系统的其他部件。

为延长运行中涡轮机油的寿命，应采取的防劣措施如下。

（一）油系统在基建安装阶段的维护

（1）对制造厂供货的油系统设备，交货前应加强对设备的监造，以确保油系统设备尤其是具有套装式油管道内部的清洁。验收时，除制造厂有书面规定不允许解体者外，一般都应解体检查其组装的清洁程度，包括有无残留的铸砂、杂质和其他污染物，对不清洁部件，应一一进行彻底清理。

（2）清理常用方法有：人工擦洗、压缩空气吹洗、高压水力冲洗、大流量油冲洗、化学清洗等。清理方法的选择应根据设备结构、材质、污染物成分、状态、分布情况等因素而定。擦洗只适于清理能够达到的表面，对清除系统内分布较广的污染物常用冲洗法。对牢固附着在局部受污表面的清漆、胶质或其他不溶解污垢的清除，需用有机溶剂或化学清洗法。如果用化学清洗法，事前应同制造厂商议并做好相应措施准备。

（3）对油系统设备验收时，要注意检查出厂时防护措施是否完好。在设备停放与安装阶段，对出厂时油保护涂层的部件，如发现涂层起皮或脱落，应及时补涂保持涂层完好；对无保护涂层的铁质部件，应采用喷枪喷涂防锈剂（油）保护。对于某些设备部件，如果采用防锈剂（油）不能浸润到全部金属表面，可采用或联合采用气相防锈剂（油）保护。实施时，应事先将设备内部清理干净，放入的药剂应能浸润到全部且有足够余量，然后封存设备，防止药剂流失或进入污物。对实施防锈保护的设备部件，在停放期内每月应检查一次。

（4）油系统在清理与保护时所用的有机溶剂、涂料、防锈剂（油）等，使用前须检验合格，不含对油系统与运行油有害成分，特别是应与运行油有良好的相容。有机溶剂或防锈剂在使用后，其残留物应可被后续的油冲洗清除掉而不对运行油产生泡沫、乳化或破坏油中添加剂等不良后果。

（5）油箱验收时，应特别注意检查其内部结构是否符合要求，如隔板和滤网的设置是否合理、清洁、完好，滤网与框架是否结合严密，各油室间油流不短路等，保证油箱在运行中有良好的除污能力。油箱上的门、盖和其他开口处应能关闭严密。油箱内壁应涂有耐油防腐漆，漆膜如有破损或脱落应补涂。油箱在安装时作注水试验后，应将残留水排尽并吹干，必要时用防锈剂（油）或气相防锈剂保护。

（6）齿轮装置在出厂时，一般已对减速器涂上了防锈剂（油），而齿轮箱内则用气相防锈剂保护。安装前应定期检查其防护装件的密封状况，如有损坏应立即更换；如发现防锈剂损失，应及时补加并保持良好密封。

（7）阀门、滤油器、冷油器、油泵等验收检查时，如发现部件内表面有一层硬质的保护涂层或其他污物时，应解体用清洁（过滤）的石油溶剂清洗，但禁用酸、碱清洗。清洗干净后，用干燥空气吹干，涂上防锈剂（油）后安装复原并封闭存放。

（8）为防止轴承因意外污染而造成损坏，安装前应特别注意对轴承箱上的铸造油孔、加工油孔、盲孔、轴承箱内装配油管以及与油接触的所有表面进行彻底清除，杂物、污物清理后，用防锈油或气相防锈剂保护，并对开口处密封。

（9）对制造厂组装成件的套装油管，安装前仍须复查组件内部的清洁程度，有保护涂层者还应检查涂层的完好与牢固性。现场配制的管段与管件，安装前须经化学清洗合格，并吹干密封。已经清理完毕的油管不得再在上面钻孔、气割或焊接，否则必须重新清理、检查和密封。油系统管道未全部安装接通前，对油管敞开部分应临时密封。

（二）运行油系统的防污染控制

（1）运行中的防污染控制。对运行油油质进行定期检测的同时，应重点将汽机轴封和油箱上的油气抽出器（抽油烟机），以及所有与大气相通的门、孔盖等作为污染源来监督。当发现运行油受到水分、杂质污染时，应检查这些装置的运行状况或可能存在缺陷，如有问题应及时处理。为防止外界污染物的侵入，在机组上或其周围进行工作或检查时，应做好防护措施，特别是在油系统进行一些可能产生污染的作业时，要严格注意不让系统部件暴露在污染环境中。为保持运行油的洁净度，应对油净化装置进行监督，当运行油受到污染时，应采取措施提高净油装置的净化能力。

（2）油转移时的防污染控制。当油系统某部分检修、系统大修或因油质不合格换油时，都需要进行油的转移。如果从系统内放出的油还需再使用时，应将油转移至内部已彻底清除的临时油箱。当油从系统转移出来时，应尽可能将油放尽，特别是将油加热器、冷油器与油净化装置内等含有污染物的大量残油设法排尽。放出的全部油可用大型移动式净油机净化，待完成检修后，再将净化后的油返回到已清洁的油系统中。油系统所需的补充油也应净化合格后才能补入。

（3）检修时防污染控制。油系统放油后，应对油箱、油管道、滤油器、油泵、油气抽出器、冷油器等内部的污染物进行检查和取样分析，查明污染物成分和可能的来源，提出应采取的措施。

（4）油系统清洁。对污染物存在的地方，必须用适当的方法进行清理。清理时所用的擦拭物应干净、不起毛。清洗时，所用有机溶剂应洁净，并注意对清洗后残留液的清除。清理后的部件，应用洁净油冲洗，必要时需用防锈剂（油）保护。清理时不宜用热水、蒸汽或化学法清洗。

（5）检修后油系统冲洗。检修工作完成后，油系统是否进行全系统冲洗，应根据对油系统检查和油质分析后综合考虑而定。如油系统内存在一般清理方法不能除去的油溶性污染物及油或添加剂的降解产物时，有必要采用全系统大流量冲洗。其次，某些部件在检修时，可能直接暴露在污染环境下，如果不采用全流量净化，一些污染物还来不及清除，就可能从这一部件转移到其他部件。另外，还应考虑污染物种类、更换部件自身的清洁程度以及检修中可能带入的某些杂质等。如果没有条件进行全系统冲洗，至少应考虑采用热的干净运行油，对这些检修过的部件及其连接管道进行冲洗，直至洁净度合格为止。

三、磷酸酯抗燃油老化与防止

（一）运行中抗燃油劣化原因

磷酸酯使用过程中劣化变质的机理不同于矿物汽轮机油。一般矿物汽轮机油由于加了抗氧剂具有较长的使用寿命，其裂解主要是热与氧作用下的自由基机理。而磷酸酯则不然，在有污染源存在下，加速了磷酸酯的自动催化裂化反应，使得它的劣化机理变得更加复杂化，需进一步探讨。

磷酸酯的劣化与油系统的设计、机组启动前的设备状况、系统的运行温度、系统的污染和系统的检修质量等有关。

（1）油系统的设计。汽轮机电液调节系统的结构对磷酸酯抗燃油的使用寿命有着直接的影响，因此电液调节系统的设计安装应考虑以下因素。

1）磷酸酯抗燃油应采用独立的管路系统，管路中应尽量减少死角，便于冲洗系统。

2）油箱储存调节系统全部的抗燃油，同时还起着分离油中空气和去掉各种污染物的作用，所以，油箱结构的设计对抗燃油劣化有一定的影响。若油箱容量过小，会使液体循环次数增加；若抗燃油在油箱中停留时间过短，油箱则起不到分离空气、去掉污染物的作用，以致加速抗燃油劣化变质。因此，油箱容量大小应适宜，可储存系统的全部用油，其结构应有利于分离油中空气和机械杂质。

3）回油速度过快、冲力大，容易生成泡沫，导致抗燃油气体含量过高，加速老化速度。因此，回油速度不宜过快，回流管路出口应位于油箱液面以下，回油口要有隔板与出油口拉长距离，还应放置筛网以利于消泡和释放空气，以免油回到油箱时产生冲击、飞溅，形成泡沫，影响杂质和空气的分离。

4）系统应安装精密滤芯、磁性过滤器，随时除去油中的颗粒杂质。

5）油箱顶部应装空气滤清器，并装有干燥剂。

6）安装旁路再生过滤装置。旁路再生系统可将油质劣化产生的有害物质除去，保持运行油的酸值、电阻率符合标准要求。旁路再生系统应定期更换再生芯，以确保其高效运转。

7）抗燃油系统的安装布置应尽量远离过热蒸汽管道，避免对抗燃油系统部件产生热辐射，引起局部过热，加速油的老化。

（2）机组启动前的设备状况。施工电建单位应对调节系统各部件进行解体检查，去掉焊渣、污染物、油漆及一切不洁物。如果金属表面有锈蚀，应清理到露出原来的光洁度，然后密封保存，使其不再污染。组装后应严格按照 DL/T 5190.3 及制造厂编写的冲洗规程制订冲洗方案，使用磷酸酯抗燃油冲洗油系统。如果油很脏应更换冲洗油，注入新油再冲洗直至油的颗粒污染度小于或等于 6 级（NAS 1638），经确认无误后，方可运行。如果不彻底解体清洗，结果造成严重污染，在短期内油的颜色会加深，酸值急剧增加。

（3）系统的运行温度。油系统局部过热或油温过高，都会加速磷酸酯抗燃油老化，特别是在系统中有过热点出现时或油管路距蒸汽管道太近时，油受到热辐射，使抗燃油劣化加剧。若油系统油温超过正常温度时，应查明原因，同时采取措施，调节冷油器开关，控制抗燃油温度，运行油温应控制在 35~55℃。

（4）系统的污染。

1）水分。水分会使磷酸酯水解产生酸性物质，而酸性产物又有自催化作用，酸值升高能导致设备腐蚀。水分来源主要是吸收了空气中的潮气，主要由于箱盖密封不严、油箱顶部空气滤清器干燥剂失效等引起。如发现水分超过标准要求，应立即查明原因，妥善处理。

2）固体颗粒。由于某些部件仅有很小的公差，如伺服机构间隙很小，液压控制系统对油中颗粒含量非常敏感，当液体以高速流动时，颗粒可对系统造成磨损，同时在一些关键部位沉积，使其动作失灵。为了减少颗粒含量，系统在启动前必须彻底冲洗和过滤，合格后方可启动运行。

3）氯含量。氯污染通常由于使用含氯清洁剂，即使含氯的化合物量很少，也会导伺服阀腐蚀。因此，不能用含氯量大于或等于1mg/L的溶剂清洗系统部件。

4）矿物油污染。抗燃油中混入矿物油会影响其抗燃性能，同时抗燃油与矿物油中的添加剂作用可能产生沉淀，并导致系统中伺服阀卡涩，而且抗燃油和矿物油极难分离。此外，即使少量的矿物油存在也会影响液体的泡沫特性和空气释放值。

（5）系统检修质量。系统检修质量的好坏，对抗燃油的理化性能有很大影响。检修时，应彻底清洗油系统的污染物，清洗后用面沾。调速器的伺服阀、错油门滑块和油动机有腐蚀点时，必须彻底清除，或将部件更换。油箱、滤油网应擦洗干净，精密滤芯如堵塞时应更换。同时按照制造厂规定的材料更换密封材料。否则，会加速抗燃油劣化速度。

（二）防止磷酸酯抗燃油劣化的措施

为了延长抗燃油的使用寿命，防止油的劣化，保证设备的安全经济运行，对运行中抗燃油必须采取防劣化措施。

（1）防止抗燃油的污染。

1）油箱和油管路全部用不锈钢，油箱应为全封闭式，通过空气滤清器与大气相通。

2）使用相容性材料。抗燃油具有很强的溶剂性，对汽轮机油系统使用的多数非金属材料是不相容的。因此，在抗燃油液压系统的安装、检修过程中，要特别注意材料的相容性问题，如使用了不相容的垫圈等密封材料，抗燃油就会短期内因材料的溶解，导致其颜色迅速变深，理化指标变差，甚至导致系统油品泄漏等问题。

使用体外滤油机时，也要注意滤油机上所用的垫圈材料、滤油机进油、出油管路材料的相容性问题，否则会出现油品越滤越差的状况。

（2）使用旁路再生过滤装置。人工合成的磷酸酯液压油，其稳定性远远不如矿物油，随着水解过程的进行，由于其产物自身的催化作用，水解速率呈指数形式增加，表现在酸值上也呈指数形式增加。有资料表明，在大于0.10mgKOH/g后，水解速率加快，达0.20mgKOH/g后，水解速率则以近于直线上升。尽管旁路再生装置使用硅藻土滤芯会带来金属皂化的问题，导致系统中出现胶质沉淀物，甚至引起伺服阀堵塞和卡涩等诸多问题，但就目前情况而言，投运硅藻土再生装置依然是运行维护中必不可少的措施。该装置可以降低酸值，提高电阻率，减少沉淀物和颗粒污染，吸收水分，延缓抗燃油的老化速度。

在机组启动运行过程中，硅藻土再生装置应不间断地连续投运，不允许中间关闭停用，尽可能地把酸值控制在0.10mgKOH/g以下。同时，在使用过程中发现压差超过一定值或进出口酸值相近时，应更换吸附剂，一般3~6个月更换一次。

根据经验，硅藻土吸附剂的用量以1.5% W/V（固体/液体）较为适宜。水分的存在对硅藻土吸附酸性物质的能力影响很大，因此更换时要对硅藻土进行高温脱水处理。为了避免硅藻土吸附剂产生金属皂化的问题，国外正在推广使用离子交换树脂再生装置。

抗燃油旁路再生装置一般由再生器、过滤器、脱水器、供油泵、压力报警等部分构成，系统流程如图8-8所示。抗燃油旁路再生装置应具备再生、除水、过滤、补油和压力报警功能。

（3）添加剂的应用。抗燃油中加入抗氧剂、抗腐蚀剂和消泡剂等复合剂，可以改善抗燃油的理化性能。运行中的油需补加添加剂时，应按规定与抗燃油生产厂协商，做相应的试验，以保证添加效果。添加剂不合适会影响油品的理化性能，甚至造成抗燃油劣化。

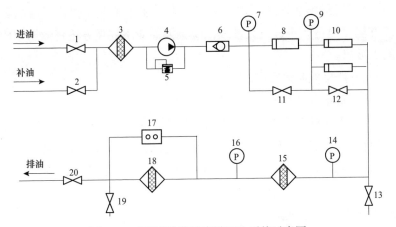

图 8-8　磷酸酯抗燃油旁路再生系统示意图

1—进油阀；　2—补油阀；3—吸油滤油器；4—油泵；5—溢流阀；

6—单向阀；7—系统压力表；8—脱水器；9—再生器前压力表；

10—再生器；11—脱水旁通阀；12—再生旁通阀；13—放油阀；

14—粗滤器前压力表；15—粗滤器；16—精滤器前压力表；

17—压差报警器；18—精滤器；19—取样阀；20—排油阀

（4）抗燃油中水分和空气的防止。在注油过程中，潮气可从泵的入口进入；密封不严、冷油器漏水也可能使水分进入液压系统。抗燃油携带过量的空气和水分超标，一方面会加速抗燃油的老化，使油品的空气释放性和泡沫性变差；另一方面，溶于抗燃油的空气在系统的节流部件会释出，造成调节系统的响应缓慢及振动和压力的不稳。空气的存在，还会造成流体温度升高，因气蚀而使泵受损。如发现空气湿度较大，应注意检查抗燃油中水分含量并采取如下措施。

1）检查空气滤清器中的干燥剂是否泄漏或失效，如失效应及时更换。

2）检查冷油器是否渗漏。

3）管路再生装置更换吸附剂或换再生芯。

4）当抗燃油被水严重污染时，真空脱水装置是快速干燥的最好方法，但是如果进入大量水，应更换油或用虹吸方法将油箱上面的水吸出。

5）严格控制氯含量。

6）防止有矿物油混入。

7）密切注意颗粒污染物。清洁度是指磷酸酯抗燃油中所含固体颗粒污染物的浓度。对于抗燃油，特别是运行油，清洁度是一项极为重要的物理性能指标。一般来说，肉眼可看到的最小黑点约 $40\mu m$，所以抗燃油的颗粒污染是否合格，不能靠肉眼来判断，而应用专用的仪器进行监测。

系统中抗燃油污染物的来源主要有三个方面：①系统内原来残留的污染物。系统及元件加工、装配、储存和运输等过程中存留下的，如金属切屑、焊渣、型砂、尘埃及清洗溶剂等。②系统运行中产生的污染物。如元件磨损产生的磨屑、管道内锈蚀物及油氧化、分解产生的沉淀物和胶状物质。③系统运行中从外界进入的污染物。通过液压活塞杆密封处和油箱空气滤清器进入，以及注油与维修过程中带入的污染物。

固体颗粒是液压和润滑系统中最普遍、危害作用最大的污染物。在水和金属颗粒共存时，金属会对油品产生催化裂解作用，会显著降低抗燃油的使用寿命。另外，由于抗燃油系统中精密部件的间隙比润滑系统的油膜厚度更小，故对固体颗粒污染的要求更高。据资料统计，由于固体污染引起液压系统故障占总污染故障的 60%~70%。固体颗粒不仅加速液压元件的磨损，而且堵塞元件的间隙和孔口，使控制元件动作失灵从而引起系统故障、被迫停机。因此，对油系统中采用的精密过滤器、滤网，应定期检查和维护，防止过滤元件堵塞，压力过大而使过滤器破损。如对于工作压力为 15MPa 的系统，其油泵出口过滤器前后压差超过

0.7MPa，就应立即更换；回油污染指示器压差超过 0.2MPa，应及时更换滤芯。系统中精密过滤器的绝对过滤精度应在 3μm 以内，以除去运行中由于磨损等原因产生的机械杂质，保证运行油的清洁度。

当前，抗燃油系统普遍使用的防颗粒污染装置，均为固定孔径的金属过滤器、滤网等滤材，但这类滤材过滤效率低，截污能力差，抗燃油中的颗粒污染难以有效的控制。建议有条件的单位使用渐变孔径滤材，以提高过滤器的过滤效率。过滤器的效率一般以过滤比 β 表示，β 值越大，表示过滤效率越好。渐变孔径过滤器的 β 值可高达 200 以上，这是固定孔径过滤器难以企及的。

四、齿轮油老化与防止

（一）齿轮油的老化

任何一种齿轮油在使用中一定会产生物理和化学的变化，运行到一定期限时就必须予以更换，否则继续使用变质的齿轮油就会造成设备润滑不良、零部件磨损和腐蚀，以致造成事故。齿轮油质量下降原因一般有下列几点：

（1）齿轮油氧化后，油品黏度增大。油品经过长时间的使用后，所含的抗氧化剂消耗殆尽，不能阻止氧化连锁反应的进行，油品中的金属粉末和氧化产物又促进了氧化反应的进一步深化，通过缩合、聚合反应生成高分子聚合物，如胶质、沥青质和油泥等，促使油品黏度上升。此外，添加剂的氧化分解也是黏度上升的原因之一。

（2）齿轮油氧化后，油品酸值变化。有的则由于油的氧化生成酸性产物，以及极压抗磨剂热分解或水解产生酸性物质而使油的酸值增大，酸性物质会对金属产生腐蚀。

（3）齿轮油在使用中所含的添加剂不断消耗，其抗氧化性能、抗磨能力、抗泡沫等性能都会逐步下降。

（二）齿轮油油质异常处理措施（见表 8-30）

表 8-30 运行中风力发电机主齿轮箱齿轮油指标预警及处理措施

检测项目	预警值	处理措施
运动黏度变化率（40℃）	≥±10%	（1）分析查找确定原因，消除机械问题； （2）如果黏度低，测闪点； （3）考虑换油
酸增加值	≥0.5mgKOH/g	（1）分析查找确定原因，消除机械问题； （2）增加取样频次； （3）补加抗氧化剂、抗磨剂； （4）进行再生滤油处理
水分（质量分数）	≥0.15%	（1）分析查找确定原因，消除水分、湿度污染问题； （2）进行脱水处理
机械杂质（质量分数）	≥0.40%	（1）分析查找确定原因，消除机械问题； （2）进行滤油处理
防锈性	不合格	向油品供应商咨询有关恢复措施或根据其他检测指标确定是否需要换油
泡沫性	泡沫倾向性大于 500mL，泡沫稳定性大于 10mL	（1）向油品供应商咨询可能采取的抑制措施，如补加泡沫抑制剂等； （2）进行油质老化试验，确定是否需要换油
磨损金属浓度（铁含量）	铁含量大于等于 200mg/kg	（1）查找分析机械部分存在的问题； （2）进行铜片腐蚀、抗氧化性指标的检测
颗粒度（NAS 1638）	≥11 级	（1）查找颗粒的来源，进行必要的维修； （2）进行净化过滤处理
抗氧化性能变化率（旋转氧弹法）	低于新油的 60%	考虑换油

第七节　油气净化与处理

一、矿物油型油品净化与处理（变压器油及涡轮机油）

（一）物理法净化方式

油的净化处理，就是通过物理方法（如沉降、过滤等），除去油中的污染物，使油中的气体、水分和固体颗粒降低到符合油的有关指标的要求。

油的净化方法大体上分为三种，即沉降法、过滤法（压力式、真空式）和离心分离法，主要是根据油品的污染程度和质量要求来选取合适的净化方法。

1. 沉降法

该方法亦称重力沉降法，是利用在浊液中，固体或液体的颗粒受其本身的重力作用而沉降的原理除去油中悬浮的混杂物和水分等。混杂物的密度通常都比油品大，当油品长时间处于静止状态时，利用重力的原理，可使大部分密度大的混杂物从油中自然沉降而分离。

液体中悬浮颗粒的沉降时间可根据斯托克斯定律表示为

$$W_0 = d\,(\rho_1 - \rho_2)\,/18\eta$$

式中　W_0——悬浮颗粒沉降的速度，m/s；

d——悬浮颗粒的直径，m；

ρ_1——悬浮颗粒的密度，kg/m^3；

ρ_2——液体的密度，kg/m^3；

η——油在沉降温度下的绝对黏度，Pa·s。

可以看出：浊液中悬浮颗粒的沉降速度与颗粒大小（直径）和密度，以及液体（油品）的密度和黏度有关。当悬浮颗粒的密度和直径愈大，液体的密度和黏度愈小时，沉降速度愈快。如果颗粒直径小于100μm时，则成为胶体溶液，分子的布朗运动阻碍了颗粒的沉降，此时应加破乳化剂，否则无法沉降。

沉降与油的温度有关，绝缘油适宜的沉降温度为 25~35℃，汽轮机油为 40~50℃，在此温度范围内，有助于沉降，而且油也不老化。

沉降过程可以在卧式罐或立式罐内进行，如图 8-9 所示。沉降罐必须有盖，外壁包以保温材料，罐底设有加温蒸汽盘管。卧式罐安放时宜略倾斜，有排污阀一端朝下。立式罐应有锥底，锥尖端设排污阀。油在沉降前应先加热至沉降温度，然后停止加热并开始沉降。在沉降过程中应注意，即使温度下降也不宜再次加热，因为中途再次加热产生的热对流将会破坏已取得的沉降效果。

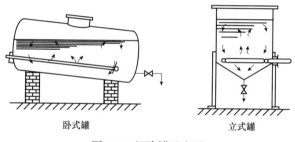

图 8-9　沉降罐示意图

沉降法净化油具有简单、设备少等特点，但净化得不彻底。这种净化方法，只能除去油中大量水分和能自然沉降下来的混杂物，一般只能作预处理用，然后再选择其他的净化方法。这样可节省药剂、缩短净化时间、确保净化质量、降低成本。

2. 离心分离法

离心分离法净化油的实质是基于油、水及固体杂质三者密度的不同，在离心力的作用下，其运动速度和距离也各不相同的原理。油最轻，聚集在旋转鼓的中心；水的密度稍大，被甩在油质的外层；油中固体杂质最重，被甩在最外层，从而达到分离净化目的。离心分离法净化油是靠离心分离机实现的。

离心式滤油机主要靠高速旋转的鼓体来工作，由一些碗形的金属片上下叠置而成，中间有薄层空隙，金属片装在一根主轴上。操作时，由电动机带动主轴，主轴高速旋转，产生离心力，使油、水和杂质分开。

在正常工作时，污油从离心滤油机的顶部油盘进入，向下流到轴心四周，由于轴的高速旋转，产生离心力，使油、水、杂质三者分开，由不同出口排出。

根据油中杂质的特点，离心机有两种操作方法：叫澄清法和清洗法。澄清法适用于从油中分离固体杂质、油泥、炭粒及少量的水，不需要连续引出杂质。分离出来的水分和杂质逐渐聚集于转鼓的储污器内，定期予以清除。

清洗法适用于分离含大量水的污油。污油在离心机中分离成为两个密度不同的液体，连续地离开离心机。

绝缘油一般都用澄清法。含机械杂质及少量水（0.1%~0.3%）的汽轮机油也用澄清法。含水多的汽轮机油则用清洗法。

沉降法和离心法所能解决的问题是相同的，都是脱除油中的水分和杂质。但离心法的费用高，其优点是设备小，占地少，效率高，所以宜于在船上等场地狭小的地方采用。在场地富裕的地方，选用沉降法更为经济合理。

3. 压力法

利用油泵压力将污染的油品通过具有吸附及过滤作用的滤纸（或其他滤料），除去油中混杂物，达到油净化的目的，称为压力式过滤净化。压力法净化油是靠压力式滤油机来实现的。

压力式滤油机由污油进口、净油出口、压力表、滤板、滤纸、框架、摇柄、丝杆、电动机和网状过滤器等主要部件组成，如图8-10所示。在框架和滤板之间由摇柄通过丝杆夹紧滤纸。

压力式滤油机的工作原理（见图8-11）：污油首先进入由框架所组成的空间，在油压作用下使油强迫通过滤纸而透入滤板（一块铸铁的方铁板上有许多突出的方块）的槽沟内，在各突出小方块之间所形成的沟槽，恰好形成许多并联油路。因此，总过滤面积为各个滤板上的并联油路的并联支路数之和。当污油通过滤纸时，油中的污物和水分被滤纸滤出和吸收。

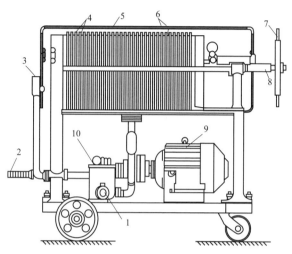

图 8-10　压力式滤油机全貌

1—污油进口；2—净油出口；3—压力表；4- 滤板；5—滤纸；
6—框架；7—摇柄；8—丝杆；9—电动机；10—网状过滤器

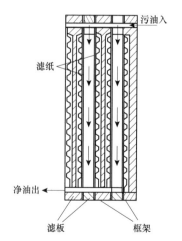

图 8-11　压力式滤油原理示意图

压力式滤油经常采用的过滤材料主要有：滤油纸、致密的毛织物、钛板和树脂微孔滤膜等。这些过滤材料的毛细孔必须小于油中污染物颗粒的直径。

压力式滤油机多采用滤油纸作为过滤材料，因为它不仅能除去机械杂质，而且吸水性强，能除去油中少量水分，若采用碱性滤纸还能中和油中微量酸性物质。致密的毛织物，主要用来除去油中大量杂质（如除油中白土）。钛板和树脂微孔滤膜是近几年发展起来的过滤材料，对除去油中微细混杂物（过滤精度为 0.8~5.0μm）和游离碳有明显效果。

压力式滤油机主要用来除去油中的水分和污染物，以提高电气用油的绝缘强度，对不同电压等级和不同容量的电气设备（或汽轮机油）都适用，目前广为采用，效果很好。而超高压和大容量电气设备对油的绝缘强度、微水含量、含气量和介质损耗因数有更高的要求，单靠压力式滤油机净化油，不能满足要求，为此要与真空滤油机配合使用，才能收到良好的效果。

压力式滤油机净化油与空气湿度、油的温度、滤纸的干燥程度和滤纸厚度等有关。为提高油的净化效果应做到：

（1）滤油最好在晴天和空气湿度不大的情况下进行。

（2）油的预热温度最好为 25~45℃（汽轮机油可适当高一些），有利于提高脱水效果。

（3）采用的滤纸应事先进行干燥脱水，干燥温度为 100℃，时间在 2~4h。

（4）滤纸的厚度通常为 0.5~2.0mm，一般放置 2~4 张滤纸。

（5）滤油机的工作状况主要靠观察滤油机的进口油压和测定滤油机出口油的水分含量或击穿电压值来进行监督。在过滤中，如果压力逐渐升高，当超过 0.4~0.5MPa 时，说明油内的污染物过多，填满了滤纸孔隙的缘故，为此应更换滤纸。更换滤纸时，可只更换靠近滤板的一张，这样既可节省滤纸，又能收到良好的效果。

（6）当过滤含有较多油泥或其他固体杂质时，应增加更换滤纸的次数。必要时，可采用预滤装置（滤网）。

（7）倒桶过滤效果好。每次将空桶清扫一下，这样过滤效果会更好。

4. 真空过滤法

此种方法是借助真空滤油机，当油在高真空和不太高的温度下雾化，可脱除油中微量水分和气体。因为真空滤油机也带有滤网，所以亦能除去杂质污染物，如果与压力式滤油机串联使用，除杂效果更好。

这种净化处理适用范围很广，不仅能满足一般电气设备用油的净化需要，而且对高电压、大容量电气设备用油的净化效果尤其显著；对脱出油中气体（包括可燃气体），也同样具有明显效果。

真空滤油机由一级过滤器（粗滤）、进油泵、加热器、真空罐、出油泵、二级过滤器（精滤）、真空泵和冷凝器等组成。真空罐由罐体、喷嘴、进出油管及填充物（瓷环）所组成。配有两个真空罐的真空滤油机，称二级真空滤油机，其脱水和脱气效果更好。真空滤油机的构造和流程如图 8-12 所示。

真空滤油机的工作原理：按油路流程，当热油经真空罐的喷雾管，喷出极细的雾滴后，油中水分（包括气体）便在真空状态下因蒸发而被负压抽出，而油滴落下又回到下部油室由出油泵排出。油中水分的汽化和气体的脱除效果，取决于真空度和油的温度，真空度越高，水的汽化温度越低，脱水效果越好，可通过水的沸点与真空度的关系看出，如表 8-31 所示。

表 8-31　　　　　　　水的沸点与真空度的关系

真空度（mmHg）	755	751	742	728	705	667	610	526	405	230	0
温度（℃）	0	10	20	30	40	50	65	70	70	90	100

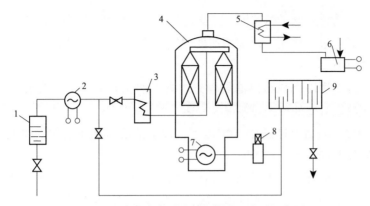

图 8-12　移动式真空滤油机构造和流程示意图

1——级过滤器；2—进油泵；3—加热器；4—真空罐；5—冷却器；

6—真空泵；7—出油泵；8—电磁；9—二级过滤器

目前国内生产的高真空滤油机均采用两级真空，一般压强不超过 1.33×10^2Pa（几乎全真空），并且都带有加热装置，油温可控制在 30~80℃。由于这些设备都具有加温和高真空的功能，所以对油中脱气，提高闪点和油中脱水都具有较好效果。几种真空滤油机性能见表 8-32。

表 8-32　　　　　几种真空滤油机性能

型号	滤油能力		真空度（Pa）	泵工作压力（MPa）	最高温度（℃）	电机功率（kW）	备注
	油量（L/min）	一次提高耐压（kV）					
-50	≥50	10~20	$96 \times 10^3 \sim$ 99×10^3	0.039~0.34	65	2.8	一级
-100	100~160	10~20	$>96 \times 10^3$	0.09~0.34	100	5.5	一级
-50	50	10~20	$97 \times 10^3 \sim$ 99×10^3	0.09~0.29	60	2.8	一级
-100	100	10~20	$93 \times 10^3 \sim$ 99×10^3	0.039~0.29	60	5.5	一级
-12	100	>60	—		85	—	一级

目前还有分子净油机，主要是在系统中增加了吸附制过滤器。

真空过滤适用于对油的深度脱气、脱水处理。使用真空过滤应注意以下事项：

（1）用冷态机械过滤处理方式去除油泥和游离水分效果较好，而用热态真空处理去除溶解水和悬浮水的效果好。

（2）油温应控制在 70℃以下，以防油质氧化或引起油中 T501 抗氧化剂和油中某些轻组分损失。

（3）处理含有大量水分或固体物质的油时，在真空处理过程之前，应使用离心分离或机械过滤，能提高油的净化效率。

（4）对超高压设备的用油进行深度脱水和脱气时，采用二级真空滤油机，真空度应保持在 133Pa 以下。

（5）在真空过滤过程中，应定期测定滤油机的进、出口油的含气量、水分含量及击穿电压，以监督滤油机的净化效率。

（二）油的再生处理

油在使用过程中，由于长期与空气中氧接触，逐渐氧化变质，生成一系列的氧化产物，使其原来优良的理化性能和电气性能变差，以致达到不能使用的地步。这种氧化变质的油称之为废油。

在废油中氧化产物只占很少一部分，一般占总量的 1%~25%，其余 75%~99% 都是理想组分。如能将这部分氧化产物用简单的工艺方法从油中除掉，重新恢复油品原有的优良性能，废油将变成好油并可重新使用。通常把废油变为好油的工艺过程称之为油的再生处理。

电力系统用油量很大，每年全国换下的废油数量相当可观。油的再生处理既可节省资源，又能提高经济效益，而且还能保证电力设备的安全运行，可谓一劳永逸。

废油的再生方法较多，大致分为以下几种：

（1）物理法。这种方法主要包括沉降、过滤、离心分离和水洗等。具体可根据油的劣化程度、设备条件等，选择其中一种或几种单元操作作为油的净化处理。这种方法严格来说不属废油再生范畴，主要是净化油，除去油中污染物，也可作为废油再生前的预处理。

（2）物理—化学方法。这一方法主要包括凝聚、吸附等单元操作。

（3）化学再生法。这一方法主要包括硫酸处理、硫酸—白土处理、硫酸—碱中和处理和硫酸—碱—白土处理等。

合理再生废油是选择再生方法的基本原则，根据废油的劣化程度、含杂质情况和再生油的质量要求等，选用操作简便、材料耗用少、再生质量又高的方法，以提高其经济效益。一般原则是：

（1）油的氧化不太严重，仅出现酸性或极少的沉淀物等，以及某一项指标变坏，如油的介质损耗因数、抗乳化度等，可选用过滤和吸附处理等方法。

（2）油的氧化较严重，含杂质较多，酸值较高时，采用吸附处理方法无效时，可采用化学再生法中的硫酸—白土法处理。

（3）酸值很高、颜色较深、沉淀物多、劣化严重的油品，应采用化学再生法。

1. 物理化学方法——吸附剂再生法

吸附剂再生法适用于劣化程度较轻的废油再生处理，是矿物变压器油和汽轮机油常用的再生方法，不仅能对油进行有效地再生处理，而且能够实现对油的在线连续再生处理。

该方法是利用吸附剂有较大的活性表面积，对废油中的氧化产物和水等有较强的吸附能力的特点，使吸附剂与废油充分接触，从而除去油中有害物质，达到净化再生目的。

吸附剂的吸附作用是有选择性的，如白土优先吸附油中的极性含氮、硫、氧的有机化合物，其次是多环芳香烃，对硫酸和磺酸都有较强的吸附能力。

吸附法的再生温度因再生不同油种和使用不同吸附剂而异，应通过小型试验确定最佳条件。提高再生温度可以增加吸附剂的活性，有利于提高再生效果。但是，提高温度也加快了油品的氧化速度，此时在氮气保护下再生是有利的。

吸附剂用量一般为油量的 2%~15%，应根据油品变质程度，通过小型试验选定。常用吸附剂的性能和工作条件见表 8-33。吸附再生法通常有两种：一种是接触法，另一种是渗滤法。接触法仅适用于再生从设备内换下来的油；渗滤法既适用于再生退出来的油，也适用于再生运行中的油。

（1）接触法：主要采用粉状吸附剂（如活性白土、801 吸附剂等）和油直接接触的再生法。在油劣化不太严重，油色不深，酸值在 0.1mgKOH/g 以下，油中出现水溶性酸或介质损耗因数明显升高时，实践证明可采用此种方法进行再生。

接触法的再生效果与接触温度、搅拌时间、吸附剂性能及其用量等因素有关。接触法使用的吸附剂为粉末状或微球状。

（2）渗滤法：将吸附剂装入柱形渗滤器内，废油连续通过渗滤器，与吸附剂接触并反复循环，以获得较好的再生效果的方法。

渗滤法使用的吸附剂是颗粒状的。在渗滤法再生过程中，油流动的动力可以依靠液位差自流，也可以采用泵送强迫油流动。

表 8-33　　　　　　　　　　常用吸附剂性能

名称	型号	化学成分	形状	活性表面（m²/g）	活化温度（℃）	最佳工作温度（℃）	能吸附的组分
硅胶	细孔、粗孔、变色	$mSiO_2 \cdot xH_2O$ 变色硅胶浸有氯化钴	干燥时呈乳白色块状或球形晶状	300~500	450~600 变色硅胶 120	30~50	水分、气体及有机氧化物（细孔硅胶多用于吸水，粗孔硅胶多用于油处理，变色硅胶作吸附剂，用作水性指示剂用）

续表

名称	型号	化学成分	形状	活性表面（m²/g）	活化温度（℃）	最佳工作温度（℃）	能吸附的组分
活性氧化铝		$mAl_2O_3 \cdot xH_2O$	块状、球状或粉状结晶	180~370	300	50~70	有机酸及其他氧化产物
分子筛（沸石）		$M_{2/m}O \cdot Al_2O_3 \cdot xSiO_2 \cdot yH_2O$①	条状或球状	450~500	450~500	25~150	水、气体、不饱和烃、有机酸等氧化物
活性白土		主要成分为 SiO_2，另含少量 Fe、Al、Mg 等金属氧化物	无定型或结晶状的白色粉末或粒状	450~600	450~600	100~150	不饱和烃、树脂及沥青质有机酸、水分等
高铝微球		$Al_2O_3 \cdot SiO_2$ 单体为稀土 y 型分子筛	微球状	120	120	40~60	酸性组分及其氧化产物 $Al_2O_3 \cdot xSiO_2$

① M 一般为 K、Ca、Na 等金属离子。

表 8-34　　　　　油温 100℃、白土处理 1h 的结果

样品	酸值（mgKOH/g）	皂化值（mgKOH/g）	反应	氧化试验	
				沉淀物（%）	酸值（mgKOH/g）
废变压器油 I	0.1	0.65	酸性	—	—
加 10% 白土处理	—	—	中性	—	—

续表

样品	酸值 （mgKOH/g）	皂化值 （mgKOH/g）	反应	氧化试验	
				沉淀物 （%）	酸值 （mgKOH/g）
加15%白土处理	0.05	—	中性	0.03	0.34
废变压器油Ⅱ	0.276	0.93	酸性	—	—
加10%白土处理	—	—	中性	—	—
加20%白土处理	0.006	0.09	中性	0.047	0.29

表8-35　　　　　　　801与87801吸附剂再生油效果

油样名称	酸值（mgKOH/g）		tgδ （90℃，%）		水溶 性酸 pH值	破乳化 度	氧化 后沉 淀物
	氧化前	氧化后	氧化前	氧化后			
变压器油未添加	0.055		0.96		4.2		
加2%801	0.004		0.052	0.406	6.7		无
加2%87801	0.003		0.042		6.8		无
加3%87801	0.002		0.035	0.132	6.8		无
汽轮机油未添加	0.137					9min53s	
加2%801	0.017	0.035				12min45s	无
加2%87801	0.011	0.028				9min28s	无
抗燃油未添加	0.633						
加4%801	0.102						
加4%87801	0.091						

注　87801吸附剂系801吸附剂在生产过程中流失部分的回收产品，所含成分、性能基本与801相同。

2. 化学方法——硫酸再生法

硫酸再生法（又称硫酸酸洗法）是废油再生的主要方法。对于劣化程度较深，不能通过简单方法处理的废油，用该方法可以取得比较满意的再生效果。酸洗沉降时间视分渣情况而定，变压器油和汽轮机油一般 4~6h，46 号以上汽轮机油为 10h。分离酸渣后油的酸性仍较强，还要进行碱中和或白土处理，除去油中酸性物，才能得到合格的再生油。

硫酸再生法的原理是基于硫酸对油中某些成分（主要是非理想组分）有相当强的反应能力，将油老化后产生的杂质成分反应后与烃类成分分离除去，从而达到再生油的目的。硫酸主要起以下几种作用：

（1）对油中的含氮、硫、氧的化合物，起磺化、氧化、酯化及溶解等作用。

（2）对油中的胶质及沥青质主要起溶解作用，同时也发生氧化、磺化、缩合等复杂的化学反应。

（3）对油中的芳香烃起磺化反应。

（4）对油中悬浮的各种固体杂质起凝聚作用。

（5）烃类（包括烷烃、环烷烃和芳香烃）都能略溶于硫酸。

使用硫酸再生法处理油品时应注意下列事项：

（1）由于钝化作用，浓硫酸对碳钢的腐蚀性较小，所以再生设备及管线宜用碳钢材料。

（2）排放酸渣阀及酸性油管线上的阀门宜用铸铁阀或钢阀，不宜用黄铜阀（易腐蚀）。排放的酸渣很黏稠，排渣阀选用闸板阀。

（3）为了缩短沉降时间，酸再生罐不宜太高，直径不宜太大，以充分搅拌混合均匀为宜。

（4）硫酸存储罐置于地下较为安全。硫酸管线用钢管或塑料管均可，因为 0.05~0.1MPa 的压力就可以把酸压进高位的酸计量罐或再生罐中。

（5）硫酸必须经喷头分散成小滴状进入油层，以防止硫酸集中造成局部烧油现象。

3. 化学方法——加氢还原法

加氢精制工艺逐步应用于劣化油的再生处理工作中。矿物油成分的劣化变质主要是其中的易氧化成分被氧化所致，如果在合适的条件下加氢还原，不仅能去除油中的醛、醇、酯和酸类等含氧化合物，而且能除去油中的含氮、硫的化合物。

加氢精制是在催化剂存在下，并在高温高压下，用氢对各种油料进行催化改质的工艺。在加氢过程中，烯烃和芳香烃等不饱和烃发生饱和反应，变成饱和烃，并对非烃化合物如含氧、硫、氮化合物产生置换或转化反应，也变为饱和烃，从而使废油得到精制。加氢精制目前作为炼油工业中溶剂精制等工艺的一个补充手段，又称为加氢补充精制。加氢精制的效果取决于催化剂活性，以及精制温度、压力及时间等条件的选择。

4. 硫酸－白土再生法

硫酸－白土再生法是目前再生处理废油中普遍采用的一种经典再生方法。实践证明，当废油酸值在 0.5mgKOH/g 左右时，采用这种方法较为适宜。只要操作条件选择合适，并严格遵守，该方法再生油的质量一般都比较好，油品可以达到新油标准。

硫酸－白土再生法适用范围较广，不仅是绝缘油的再生处理，汽轮机油、机油和润滑油等再生处理也大都采用这种方法。再生条件的选择和药品用量的确定，一般根据劣化程度和再生油质量要求，通过小型试验确定。

（1）再生反应原理。硫酸与油品中的某些成分极易发生反应，甚至在一定条件下对油中所有组分都能起反应，因此硫酸－白土再生法效果的好坏，关键在于硫酸处理过程。

浓硫酸为无色油状液体，具有强烈的吸水能力，工业上常用来作干燥剂。在油处理过程中，浓硫酸（比重1.84、含量98%）的作用是多方面的，归结如下：

1）对油中含氧、含硫和含氮等化合物，起磺化、氧化、酯化和溶解等作用，生成沉淀的酸渣。

各种氧化物如醇、醛、酮、低分子有机酸和高分子有机酸等的结构不同，可分别被浓硫酸磺化、氧化或溶解，酚和环烷酸可被硫酸溶解而除去一部分。

2）对油中的沥青及胶质主要起溶解作用，发生溶解的同时，也发生氧化、磺化、缩合等复杂的化学反应，并放出二氧化硫。温度升高时反应更激烈。溶解产物随酸渣一起从油中除去。

3）对油中各种悬浮的固体杂质起凝聚作用。

4）与不饱和烃（油高温裂化产生的）发生酯化、叠合等反应，生成硫酸酯和聚合产物，随酸渣一起从油中除去。反应如下：

$$RCH{=}CH_2 + H_2SO_4 \rightarrow R{-}\underset{\underset{CH_3}{|}}{CH}{-}HSO_4$$

$$\begin{array}{l}RCH{=}CH_2 \\ RCH{-}CH_3\end{array} + H_2SO_4 \rightarrow \begin{array}{l} R{-}CH \overset{\diagup CH_3}{\underset{\diagdown SO_4}{}} \\ R{-}CH \diagdown_{CH_3}\end{array}$$

5）中性硫酸酯在常温下浓硫酸基本不与烷烃、环烷烃起作用，与芳香烃的作用很缓慢。因此酸处理基本不会除去油中理想组分。

在硫酸—白土再生中，白土除起到白土接触法中所讲的作用外，还能除掉酸处理后残留于油的硫酸、磺酸、酚类、酸渣及其他悬浮的固体杂质等；能进一步改善油品的性能，使油品的颜色、安定性和电气性能都有明显提高。

（2）再生操作条件。

在硫酸—白土再生法中，影响的因素很多，主要有以下几个方面。

1）硫酸浓度。再生时硫酸必须有足够的浓度，否则影响硫酸对油中各种杂质的溶解、缩合和磺化作用，甚至不起作用。

从表8-36不难看出，硫酸浓度越大，再生能力愈强，当硫酸浓度低于 95% 时，其再生效果明显下降。硫酸浓度不能过高，浓度过高（如用发烟硫酸），虽有利于磺化反应，废油可以得到深度再生，但油中理想组分芳烃遭到破坏。芳烃具有天然的抗氧化性，芳烃含量降低，意味着油品的抗氧化安定性降低。从 20 世纪 60 年代初合成抗氧化剂（T501 等）的应用实践证明，油品深度再生（过度精制）后添加 T501 抗氧化剂能很好地改善油品的抗氧化安定性。

表 8-36　　　再生某劣化绝缘油时硫酸浓度与酸渣体积关系

硫酸浓度（%）	71	75	87	92	95	100
酸渣体积增加（%）	0	5	10	15.5	20	25

硫酸最适宜的浓度为 98%，其比重为 1.84，无色油状，具有强烈的吸水性、腐蚀性和氧化性。

2）硫酸、白土用量。应根据废油的污染劣化程度和再生油质量要求，通过试验确定硫酸、白土用量。废油质量好，硫酸和白土用量就少些；再生油对硫酸质量要求高，硫酸用量较多；硫酸浓度较高，白土量也较多些。

3）经验认为：硫酸用量一般为废油质量的 2%~6%，白土用量一般为废油质量的 7%~15%。

4）加硫酸、白土方式。正确掌握加硫酸和白土的操作方法，对充分发挥其作用，提高再生效果很有意义。加硫酸，分两次加比一次加完效果好，尤其对劣化较严重的油，再生效果更明显；以雾状加入比直接加入为好，这样便于硫酸与油充分接触，反应完全，效果好；当废油劣化严重时，第一次可加入总量的 3/5，其余部分第二次加入。加白土，分两次加比一次加效果好。

5）温度。应根据油品黏度选定酸洗温度和沉降温度，温度范围可参考表 8-37。

表 8-37 　　　　　　　　　酸洗温度与油品黏度关系

油品黏度（40℃, mm²/s）	≤15	22~28	35~67	77~115	130~230	250~350
酸洗温度（℃）	10~25	20~25	30~35	40	40~50	55~50

6）硫酸处理时，要求在低温下进行。温度过高会破坏油中理想组分，同时产生较多的磺酸溶于油中，使再生油的安定性和颜色都差。酸处理温度过高，碱洗处理易乳化。

7）表 8-37 中酸洗温度乃是上限，一般在低于该温度之下进行，变压器油一般为 20~30℃。在低温下酸洗并借助于延长搅拌时间和沉降时间既可以达到必要的反应深度，又可以减少氧化之类的有害副反应，油的颜色也会较好。

白土处理温度不宜太低，一般为 70~80℃为宜。

8）搅拌方式。搅拌是加速反应的一种有效措施，一般有机械搅拌、循环搅拌和压缩空气搅拌几种。在硫酸和白土处理中，使油与硫酸（或白土）充分混合与接触，使之反应完全。上述几种搅拌方式，各有千秋，可因地制宜，酌情选用。

9）搅拌时间。搅拌时间的长短对废油再生效果影响很大，时间短，硫酸、白土与杂质接触时间不够，反应不完全，油中杂质除不净；时间长，反应后的酸渣会重新溶于油中，正在形成的酸渣或白土渣也会被打碎，而影响沉淀效果。白土处理时，温度较高，搅拌时间长，还会使油加速氧化和颜色变深。一般加酸搅拌时间在 20~30min，加白土搅拌时间在 30~40min 为宜。

10）助凝剂。为了加速酸渣的沉降，可加助凝剂使一些很难沉降的酸渣微粒凝聚为较大的颗粒。常用的助凝剂为白土，其加入量为 2%~3%，助凝效果较显著。

11）沉降分渣条件。这里指酸渣的沉降与分渣条件。在相同温度下如果酸渣颗粒细小而且油的黏度大，则酸渣的沉降速度较慢，沉降分渣的时间就需长些。加助凝剂就是为了促进酸渣颗粒增大，增强沉降速度和缩短沉降时间。

沉降时间长，固然酸渣分离好，但酸渣本身是一个不断起着复杂化学变化的不稳定体系，在变化的过程中，会有一些有害物质进入油中。大量酸渣长期与油接触，影响油品质量。不可等到沉降终了再排渣，而是根据情况进行定期排渣或不定期排渣。沉降后，上层酸性油打入白土槽内进行白土处理。

沉降时间主要看分渣时间而定，在保证酸渣分离完全的情况下，沉降时间越短越好。再生变压器油沉降时间一般为4~6h，汽轮机油可适当长一些。分渣后的酸性油中残留酸渣的多少是个关键问题，它直接关系到白土处理（或其他处理）的难易，以及再生油的质量。硫酸处理的好，白土处理和碱中和就会顺利，再生油的质量就高。

（3）再生工艺系统和设备。在电力系统中，废油的硫酸—白土再生工艺流程主要包括沉降、加酸处理、白土处理和过滤四步，如图8-13所示。

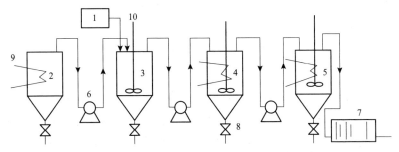

图8-13　硫酸—白土法再生工艺流程和设备示意图

1—硫酸流量箱；2—废油沉降槽；3—酸处理槽；4、5—白土处理槽；6—油泵；

7—滤油机；8—排渣阀；9—加热器；10—搅拌器

再生工艺流程：首先将废油抽入沉降槽2中，静置、沉降，分离排除油中水及杂物；而后用泵6将槽2的上层油抽入酸处理槽3中，进行酸处理。

开动酸槽 3 中的搅拌器 10，常温下将所用硫酸以雾状慢慢加入油中，边加边搅拌，这时油色逐渐变成乌黑色，产生颗粒状的酸渣，并有二氧化硫气味。自加酸时算起，搅拌 30min。

而后加入 2%~3% 的白土助凝剂，再搅拌 5min。停止搅拌，沉降分离 4~6h。沉降过程中定期从排渣门 8 排出酸渣。沉降结束，观察酸油中基本无渣。再用泵将槽 3 的上层油抽入白土槽 4 中进行第一次白土处理。

在槽 4 中，用加热器，将酸性油加温至 70~80℃，开起搅拌器。在不断搅拌下加干燥白土（加量是总量的 3/5），搅拌 30min 后，静止沉淀 1~2h。将上层油用泵抽入白土处理槽 5 中，进行第二次白土处理。

启动槽 5 加热器，使油温升至 70~80℃，再开动搅拌器，边搅拌边加入干燥白土（总量的 2/5），搅拌 30min 后，停止搅拌，取上层油，过滤除掉白土渣，作苛性钠试验。如果苛性钠试验达到 1~2 级，认为油处理的合格，静置一夜（或更长），用滤油机将处理好的油抽到成品槽中，过滤除杂，分析化验合格，即得再生油。

当苛性钠试验不合格（3 级以上），再开动槽 5 的搅拌器，适当增加白土用量，直到苛性钠试验合格为止。

所用白土要事先干燥，除去表面水分，增强吸附能力。

5. *硫酸－碱中和法*

硫酸－碱中和法是利用碱与油中的低分子有机酸、环烷酸等酸性物质反应，生成盐或皂化物，再经水洗后沉降分渣。碱中和是离子反应，所以不宜用固体碱而宜用碱溶液。使用强碱性的氢氧化钠比弱碱性的碳酸钠更有效些。常用碱溶液的浓度为 3%~5%，碱中和温度为 70℃左右。碱洗黏度较大的油时，为了防止乳化，可采用较低浓度（1%）的碱液和较高温度（80~90℃）进行中和。中和后要用水洗数次，至水溶液不呈碱性为止。硫酸－碱中和法适用于黏度小，碱中和时不易发生乳化的油，如变压器油等。

6. 硫酸－碱－白土法

为了使经酸碱处理后的油的破乳化度时间合格，需要水洗的次数太多，产生较多的含油废水。此时，可以减少水洗次数，而采用白土吸附处理的方法，将酸碱处理后产生的引起油乳化的皂化物吸附去除以达到要求，这就是硫酸－碱－白土法。硫酸－碱－白土法再生时的操作条件（如温度、药剂用量等），可以参考上述两种方法条件并根据油质情况及对再生油质量的要求，通过试验选定。此法适合劣化变质严重，酸值很大的油。

（三）再生油补加添加剂问题

硫酸法再生后的油中 T501 和 T746 添加剂消耗量较多。吸附剂法再生后的油中 T501 的消耗量，取决于吸附剂的种类（性能）及再生条件。如白土处理，在不高的温度下，基本上不消耗 T501，而硅胶处理则会消耗一些 T501。以沉降、过滤、离心和碱洗等方法再生后的油中不消耗 T501 添加剂。

各种吸附剂对油中 T746 均会消耗一些，碱洗法对 T746 添加剂消耗量较多，应通过试验检测判断添加剂的消耗量。

采用硫酸－白土方法进行再生时，由于废油本身在使用过程中已经消耗部分添加剂，尤其是废旧程度较深的油，即劣化变质较严重的油，已经消耗掉的添加剂更多，因此，再生油一般都要补加添加剂，而添加剂的补加量需要通过试验确定。一般新油中 T501 抗氧化剂含量在 0.3%~0.5%，如再生油低于这个含量，应予补加，以提高油品的抗氧化安定性，延长油的使用寿命。

硫酸再生时注意事项：

（1）浓硫酸对碳钢的腐蚀性较小，对铅的腐蚀性较大。因此再生设备及管线宜用碳钢材料。

（2）排放酸渣阀及酸性油管线上的阀宜用铸铁阀或钢阀，不宜用黄铜阀（易被腐蚀）。排放的酸渣很黏稠，排渣阀宜用闸板阀。

（3）为了缩短沉降时间，酸再生罐不宜太高；为了使搅拌混合均匀，酸再生罐的直径不宜太大，为了两者兼顾，酸再生罐的圆筒部分的直径与高度之比应为 1∶1，锥底的锥顶角为 120°。罐顶有盖，盖上有人孔。整个罐体保温。

（4）硫酸储存罐置于地下较为安全。硫酸管线用钢管或塑料管均可，因为 0.05~0.1MPa 的压力就可以把酸压进高位的酸计量罐或再生罐中。

（5）硫酸必须经喷头分散成小滴状进入油层，以防止硫酸集中造成局部烧油现象。

废油处理中的废物主要有废渣（酸和白土）、残油、污水等。这些废物如果不加控制和治理，将严重的污染环境，危害很大。为此对这些废物必须严加管理，不能任意排放。

（1）酸渣处理。酸渣加 20%~40% 水后用热蒸汽吹，使酸渣加热到 80~90℃，然后沉降分离，酸渣即可分为三层。上层为褐色残油，收集起来，用热水洗 2~3 次，作为废油重新再生；中层是残酸渣，可以用来铺设路面等；下层是棕色、浓度为 20%~60% 的稀硫酸，用来清洗再生罐等，再用水冲稀，排放地沟。

（2）白土渣的处理。白土渣中含有 10%~20% 的油，其余为胶质、沥青质和白土等混合物，呈黑色。首先采用压榨机进行回收处理。用厚布将白土渣包好，放进漏斗中，然后扳动设在上部的螺旋压杆，残油即可被挤压出来。压出来的残油可以再生或作为废油用。

榨过的干白土渣用干净的沸腾水进行搅拌清洗，清洗后沉淀几小时，倒出上层黑色泥浆水，重新用沸腾水清洗白土渣至洗到白色为止，然后用 500~600℃ 的温度烘烤，时间不超过 6h。回收的白土可以再用，但回收时间不能太长，否则白土活性减退。

（3）吸附剂的回收处理。用过的硅胶、活性氧化铝和 801 吸附剂等，应放置在废油中保存，严禁光照和雨浇，然后通过适当的方法回收处理再用。实践证明，如果回收方法得当，吸附剂可回收使用 20 余次。

废硅胶或活性氧化铝放入回收炉中，以 500~600℃的高温进行燃烧，回收时控制时间和温度，一般烧至吸附剂外观颜色变白。回收后的吸附剂可重新使用。

801 吸附剂也可回收使用，回收方法还处在研究阶段。

（4）污水的处理。废油再生用水量不大，所以污水不多，但也要重视处理问题。一般用隔油槽将上部漂浮的杂质除去，油分除不尽时，再经生化处理后就可达到排放标准。

（四）运行中变压器油处理注意事项

1. 变压器油净化注意事项

变压器油采用哪种方法净化油，一方面要看油的污染程度，另一方面要考虑对处理后油质的要求。如大型变压器用绝缘油对油中含水量、含气量要求较严格，在采用净化油的方法时，可采用压力过滤法（主要去掉杂质）和真空过滤或二级真空过滤法（主要去掉水分和气体）联合净化，才能达到满意的效果。当处理含有大量水分、固体颗粒、油泥等悬浮物的油时，须先采用离心分离方式进行净化，要求转速应大于 5000r/min。离心分离能清除较大浓度的污染物，但不能除去油中的溶解水分，而采用离心分离净化法和真空过滤净化法联合净化方法，可得到较好的效果。

当电气设备需再次注油时，应再一次经过净化，然后可直接注入设备中。这种直接净化方式已在开关和小型变压器中广泛应用。但应注意保证芯子绕组、内桶和其他含油隔板使用已净化的油清洗。

循环净化滤油方式分为直接循环净化和间接循环净化两种，通常采用间接循环净化。

（1）直接循环净化，是将滤油机与变压器设备连成循环回路，通过净油机，油从电气设备底部抽取，而由电气设备的顶部回入。返回的油应该做到平稳、在靠近顶部油面的水平位置回入，尽量避免已处理的油与还没有经过净油机处理的油相混合。为了提高直接循环净化油的效果，在实施时应注意以下事项：

1）循环过滤次数。应使被处理的设备内的总油量通过净油机不少于 3 次，最终的循环次数应视被处理的油在设备内稳定数小时后，从设备底部取样，经检测水分、击穿电压或总含气量合格后，才能决定循环净化过程的结束。

2）净油机的进、出口油管与设备的连接应分别接在对角线上，并在处理过程中改变回油进入设备的位置，以避免设备内有循环不到的死角。

3）将未参加循环的油，如变压器设备中的冷却器、有载调压开关油箱、储油柜等内部的油，放出过滤后再分别返回原设备内。

4）循环净化不能带电作业，应在电气设备的电源切断后，才能开始循环净化。

（2）间接循环净化，是将滤油机串接在设备与油处理用罐之间，先将设备中油过滤后送入油罐，待对设备内部工件脱除水分、气体后，再用滤油机将油罐中处理好的油抽回设备。当间接循环法不能实施时（如变压器壳体不能承受真空时）应采用直接循环法。

在特殊的情况下，电气设备无法安排停电但又必须进行带电滤油时，应做好各方面的安全措施，并特别注意：①滤油机的进、出管路一定要严密，避免管路系统进气和漏油，以免发生故障；②控制油流速度不能过大，以免油流带电而引起危险。

绝缘油在变压器中带电吸附过滤处理的流程如图 8-14 所示。由图 8-14 可知，带电吸附过滤处理由加温、吸附罐和滤油机三部分组成。绝缘油温度很低时，吸附再生前油必须加温，降低油品黏度，这样油中的有害成分容易被吸附剂吸附，效果明显。当采用硅胶吸附剂时，油的预热温度最好在 20~40℃；而用活性氧化铝时，油的预热温度为 50~70℃。基于这种情况，在夏季进行变压器带电吸附处理可不用加温，因变压器本身油温很高。

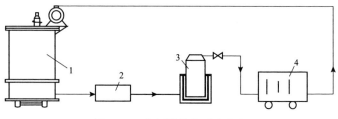

图 8-14 变压器带电再生流程

1—变压器；2—加热器；3—吸附罐；4—滤油机

为防止吸附粉末带入设备内，吸附罐出口应装有滤网，各种吸附剂在使用前按照规定干燥脱水。一般来说，活性氧化铝除酸效果比硅胶好，因此再生变压器油近几年多采用活性氧化铝吸附剂。过滤吸附再生也可采用粒状 801 或 87801 吸附剂。

2. 变压器油在线再生注意事项

（1）选择再生设备和真空滤油机串联使用，再生设备在前、真空滤油机在后，选择的真空滤油机流量比再生设备大 30% 左右。

（2）各设备及部件接地良好，油的流速不宜过大，0.5~1m/min为宜，以避免产生油流带电。

（3）做好防雨防潮措施，以免变压器受潮。

（4）在正式连接变压器前需要用油对设备及管路进行冲洗，以免设备管路不洁，对变压器造成污染。

（5）在油吸附再生的过程中，一般选择 40~60℃进行再生，再生过程中需要定期取样化验油的相关指标，如酸值、介损、界面张力、水分、击穿电压等，以确定油再生净化的程度，以及是否需要更换吸附剂或滤芯。

（6）再生处理完毕，需要对抗氧化剂含量进行测定，并补加T501 抗氧化剂。

（五）运行中涡轮机油再生处理注意事项

对运行涡轮机油进行在线再生时，一般需要注意以下事项：

（1）在线再生前需要对油质进行全面分析，重点是油的抗氧化性试验，包括旋转氧弹、开口杯老化等，以确定油质劣化的原因。

（2）进行试验室再生处理试验，对再生处理后的油进行旋转氧弹试验、开口杯来回试验，如果油的抗氧化性能较差，需要进行抗氧化剂感受性试验。

（3）如果以上试验结果表明油的抗氧化性能很差，且添加抗氧化剂不能得到改善，则需考虑换油；如果再生及添加抗氧化剂效果良好，则根据以上试验结果确定在线再生处理方案，进行在线处理。

（4）在线处理过程中应监视设备的运行压力，并化验油的破乳化度、酸值、油泥析出情况，根据油质变化及时更换再生滤芯或吸附剂。

（5）当油的酸值、破乳化度、油泥析出指标处理合格后，再生处理完毕，补加 T501 抗氧化剂和 T746 防锈剂。

二、磷酸酯抗燃油净化与处理

磷酸酯抗燃油是一种人工合成液体，汽轮机组调节系统常用的抗燃液压油为三芳基磷酸酯。磷酸酯抗燃油在使用过程中，不可避免地接触空气（氧气）、水分和金属，在一定的温度（尤其高温）和压力（尤其高压）下，可能发生苯基上的烃取代基氧化或发生 COP 键的水解，使抗燃油劣化变质产生酸性物质，这些劣化产物对磷酸酯的变质又有自动催化作用，使其劣化变质进一步加速。

磷酸酯抗燃油的黏度较大，与水分和颗粒度杂质的密度差较小，其中的颗粒杂质尺寸较小，因此重力沉降法和离心法不适合于磷酸酯抗燃油，只能采用过滤法。过滤设备的过滤精度必须更高，过滤设备的材料（包括其密封材料）必须不与磷酸酯抗燃油相容。

硫酸再生法显然不适用于处理磷酸酯抗燃油，因为在有水存在的情况下，硫酸加入会进一步加速水解降解过程；硫酸有可能使磷酸酯上的芳环磺化，使磷酸酯变质；磷酸酯会溶解于硫酸中，使其无法分离出来。

水分在磷酸酯抗燃油中的溶解度很大，所以聚结分离和沉降法不适合于磷酸酯抗燃油中的水分脱除，一般使用脱水剂吸附或低真空脱水处理磷酸酯抗燃油中的水分。

吸附剂再生法适合于磷酸酯抗燃油的再生处理。可以选取适宜的吸附剂，采用间歇式分批次操作，通过物理吸附除去油中酸性产物和极性劣化产物，从而达到再生油的目的。该方法适用的吸附剂有复合氧化硅铝吸附剂、活性氧化铝及硅藻土吸附剂。用于再生油的设备为带有加热和搅拌装置的不锈钢罐。

抗燃油在线再生处理应注意：

（1）吸附介质的选择。用于抗燃油在线旁路再生的吸附介质有硅藻土、树脂和复合氧化硅铝吸附剂，其中硅藻土和复合氧化硅铝是吸附型再生介质，树脂是交换型再生介质。

硅藻土是最早用于抗燃油旁路再生的吸附介质，对于降低油的酸值有一定的作用，而且用于滤芯式再生装置，油通过阻力小。其吸附速度较慢、吸附量较低，可以用于酸值不高的油的再生，但对于油泥和提高油的电阻率几乎没有作用，目前大部分已被复合氧化硅铝吸附剂和树脂再生介质取代。

复合氧化硅铝的吸附速度很快，吸附容量大，对降低酸值和提高电阻率效果很好，而且可吸附去除油泥，对于油的泡沫特性及脱色有一定的改善作用，也是目前使用最多的再生介质。

树脂再生介质对降低酸值效果较好，对提高电阻率没有明显效果。其对油再生后可引起油中水分增加，必须与脱水装置联合使用，使其应用受到限制。

在实际使用中应根据现场条件、油质状况，兼顾处理效果及经济性、环保性，选择合适的再生介质和设备。

（2）运行抗燃油系统对油的颗粒污染度要求很高，再生设备需要配置高精度的颗粒过滤器，一般用于抗燃油过滤的滤芯精度在$\beta_3 \geqslant 200$以上，才可保证滤出油的颗粒污染度在 SAE AS4059F 6 级以内。

（3）由于抗燃油的油箱较小，而再生设备第一次投运时，设备中需要充油，因此投运时要注意油箱的油位，及时对油箱补油。

（4）在设备投运期间每 2~3 天取样化验油的酸值、电阻率指标，如果酸值、电阻率指标不再改善，就需要及时更换滤芯。

（5）油样酸性劣化产物会进一步加速油的劣化，建议在运行中检测投运再生设备，及时除去油中的劣化产物，始终将油的酸值维持在低的水平，而不是等油质严重劣化后再去处理，这样可以大幅延长油的使用寿命，而且节省滤芯，降低运行维护成本。

（6）由于抗燃油的黏度特性很差，低温时黏度很大，会造成再生设备运行压力急剧升高，因此在冬季投运时由于设备中存有冷油，投运前应将设备中的冷油排出，控制设备的运行压力，待设备中冷油置换排出后才能正常投入运行。

（7）运行中监视设备运行压力及滤油的压差，如果滤芯压差超过规定值，应及时更换，以防滤芯压差过高而破损，造成堵塞滤料泄漏等。

三、齿轮油净化与处理

齿轮油的黏度较大，不适合用重力沉降法和离心法净化，只能采用过滤法。吸附剂再生法适于齿轮油的再生处理，通过物理吸附除去油中水分、酸性产物和极性劣化产物。

四、六氟化硫气体净化与处理

（一）SF_6 分解产物和水分的危害

（1）气体分解产物。SO_2、HF 和 SOF_2 等能腐蚀金属及设备的有关部件，加速绝缘材料的老化，降低 SF_6 的电气性能，特别容易污染固体绝缘材料，使其沿面闪络电压大为降低，易导致局部放电。部分气体分解物有毒，若不经处理，直接排于大气，危害较大。

（2）固体分解产物。WO_3 和 CuF_2 等固体产物若沉积在环氧树脂等固体绝缘材料表面，在 SF_6 中允许微水含量的作用下，可大大降低其沿面闪络电压。如某断路器在 3kA 下，开断 100 次，因固体产物沉积在环氧树脂绝缘材料表面，SF_6 的闪络电压降低至原来的 75%。

（3）水分。设备内的水分可能由 SF_6 和设备部件带入，或因密封不严，空气中的水汽侵入等。侵入的水分会降低电气设备的绝缘特性，也会间接造成设备的腐蚀；分解产物的水解反应能阻碍 SF_6 分解产物的复合，降低 SF_6 的介质恢复强度；同时，也增加了有毒、有害物质的组分和含量。

（二）SF_6 气体中电弧分解气体的吸附净化

1. 电弧分解气的特点

在运行 SF_6 设备气体中的杂质有几十种之多，其中毒性最大的有 SOF_2、SO_2F_2、SO_2、HF、$S_2F_{10}O$ 等五种。上述杂质的含量，依新气的来源、使用时间及设备不同，其含量及比例亦有较大的差异，但含量都在 μL/L 级水平。在五种杂质中，除 $S_2F_{10}O$ 为非极性外，其他几种均为极性分子。

2. 吸附剂及其吸附性能

SF_6 电气设备对吸附剂有如下要求：要有足够的机械强度；有足够的吸附容量；对多种杂质及水分都有很好的吸附能力；不含导电性或低介电常数物质；能耐高温或电弧的冲击。

由此可见，尽管像活性炭那样对多种物质都有很好吸附作用的常用吸附剂，由于它本身所具有的导电性，并不适合用于 SF_6 设备。目前，国内外所用的吸附剂主要是分子筛和氧化铝。实际使用的几种吸附剂的主要物理参数见表 8-38。

我国北京劳动保护科学研究所曾对分子筛型和氧化铝型吸附剂做了静止和动态吸附 SO_2F_2、SOF_2、SO_2、HF、$S_2F_{10}O$ 五种气体的性能比较实验，分别见表 8-39 和表 8-40。

表 8-38　　　　净化 SF_6 气体吸附剂的主要物理参数

指标　　吸附剂名称	粒度（mm）	堆比重（g/mL）	耐压（≥kg）	吸附水（mg/g）	比表面积（m²/g）
关国某公司分子筛	$\phi1.5$ 条形	0.60	正压：0.3 侧压：0.3	159	404.1
国产 5A 分子筛	$\phi3\sim\phi5$	0.72	1.1	115	—
国产 13× 分子筛	$\phi3\sim\phi5$	0.65	—	—	—
国产活性氧化铝	$\phi3\sim\phi5$	0.7~0.8	2.4	363	235.I

表 8-39　　　吸附剂对 SF_6 电弧分解气的净化结果（静态）

吸附剂　　分解气初始浓度（μL/L）	分子筛型			Al_2O_3 型	
	4A	5A	13X	Al_2O_3（低硅）	Al_2O_3
SO_2F_2　400	400	320	10	未检出	未检出
SO_2F_2　5.3	5.1	5.1	5.2	5.0	4.9
SO_2　100	0.5	0.5	0.90	0.50	未检出
$S_2F_{10}O$　400	240	320	180	230	220
HF　15	—	<0.26	<0.26	<0.26	<0.26

表 8-40　　　吸附剂对 SF_6 电弧分解气的净化效果（动态）

吸附剂　　分解气初始浓度（μL/L）	分子筛型			Al_2O_3 型	
	4A	5A	13X	Al_2O_3（低硅）	Al_2O_3
SO_2F_2　400	350	350	117	未检出	未检出
SO_2F_2　5.3	5.3	5.3	1.6	2.5	1.6
SO_2　100	1.2	1.2	0.4	未检出	未检出
$S_2F_{10}O$　400	270	290	44	未检出	未检出

从表中可以看出：活性氧化铝吸附剂比分子筛吸附剂对 SO_2F_2 的吸附效果好。由于 SOF_2 可水解、易碱解，因而在刚开断的 SF_6 气体中，SOF_2 浓度较高，时间稍长后由于水解而浓度降低，久置的电弧分解气中很难测出 SOF_2，因水解形成的 SO_2、HF、H_2SO_3 等可进一步与碱性物质生成稳定的氟化物或亚硫酸盐，所以吸附剂中含有的碱性物质及水分有利于净化。表中所有的吸附剂对 SO_2 和 HF 都有很好的吸附净化效果。对于 $S_2F_{10}O$ 的吸附，静态试验所用吸附剂均不理想，但动态实验中 Al_2O_3 型较好。由此可见，Al_2O_3 型吸附剂对电弧分解气的吸附效果较好。这可能是由于 Al_2O_3 型主要是化学吸附，而分子筛主要是物理吸附所致。

另外，活性氧化铝和分子筛不但是良好的电弧分解气体的吸附剂，而且作为干燥剂在工业上被普遍采用。它们有很强的吸水能力，能把气体中的水分降至几个 μg/g 以下，且机械强度高，耐水性强。这两种吸附剂对水分的吸附均属物理吸附，因而随着温度的升高，其吸水量急剧下降。

3. 吸附剂的使用方法

（1）吸附剂的预处理。吸附剂在出厂时，一般是把吸附剂预处理后，密封包装的。按其密封的方式可大致分为两种：①简单的防潮包装，如使用一层或二层塑料膜密封的软包装，外面没有硬保护层。这种包装的密封可靠程度低，使用前必须进行处理。②有可靠的密封手段，如用塑料真空包装后再装入金属容器，对于这样包装的产品，如使用前没有漏气现象，则可直接使用。

吸附剂预处理的目的是为了除去吸附剂使用前所吸附的水分和其他杂质，因为这些物质将降低吸附剂在设备中的吸附能力，影响对设备内部气体的净化效果和吸附剂的使用寿命。

吸附剂的预处理方法主要是用常压干燥法和真空干燥法。常压干燥法一般在干燥箱或高温炉中进行。对于活性氧化铝，一般干燥温度控制在 180~200℃；对分子筛控制在 450~550℃。真空干燥法要在真空干燥炉内进行，当干燥温度低于 200℃且用量较小时，可在真空干燥箱内进行,真空度越高处理效果越好。两种处理方法相比,后者比前者好。但只要干燥方法得当,都能满足要求。

(2)吸附剂的用量。应当满足吸附规定开断次数的电流所产生的有害气体,把含水量控制在允许标准内,即吸附剂的装入量应是设备在运行中所需的吸附分解气和吸附水分需要量的总和。

从理论上来说,应通过计算来决定。但是由于SF_6设备的运行方式不同,制造、安装质量等因素的不同,要准确计算吸附剂的需要量较为困难。因此,国内外SF_6制造单位一般不进行估算,而是按设备充气量的十分之一填装。实践证明,这种填加量完全可以满足设备的运行需要。

(3)吸附剂的吸附净化方式。吸附剂的吸附净化方式主要有两种,即静吸附和循环吸附。静吸附是把吸附剂直接装入设备内部,通过设备内部气体自身的对流、扩散作用,使分解气体和水分到达吸附剂表面而被吸附;循环吸附则是把SF_6电弧分解气强制输送至吸附层,使分解气体和水分与吸附剂充分接触而被吸附。一般来说,静态吸附使用方法简便,而所需的净化时间较长;循环吸附则设备装置结构复杂,但所需的吸附净化时间短。因此静态吸附适用于在设备内填装,而循环吸附则适合于SF_6电弧分解气的回收净化处理。

对SF_6设备内的运行气体分析试验表明:装有吸附剂的SF_6设备,其SF_6气体中的电弧分解产物及水分的含量均比不装吸附剂的设备低得多,完全可以满足SF_6设备对SF_6气体纯度及水分允许含量的要求。

第九章　天然气检测技术

天然气在发电系统内主要用作燃料。为了确保天然气有良好的热值和低硫排放，在天然气入厂时需要进行随机抽检验收。本章重点介绍了天然气相关检测项目的检测依据、试验目的、操作要点及注意事项等。天然气检测包括总硫含量、硫化氢含量、气体组分及体积发热量等项目。

第一节　发电用天然气

天然气是存在于地下岩石储集层中以烃为主体的混合气体的统称，比空气轻，具有无色、无味、无毒的特性。天然气不溶于水，密度为 $0.7174kg/m^3$，相对密度（水）为 0.45(液化)，燃点为 650℃，甲烷在空气中的爆炸极限下限为 5%，上限为 15%。天然气主要成分为烷烃，其以甲烷为主，含少量的乙烷、丙烷和丁烷，除烷烃外，天然气中还含有硫化氢、二氧化碳、氮、水气、少量一氧化碳及微量的稀有气体（如氦和氩等）。

天然气发电机组主要分为联合循环燃气轮机以及燃气内燃机。燃气轮机功率比较大，主要用在大、中型电站；燃气内燃机功率比较小，主要用在小型的分布式电站。

天然气在发电系统中主要作燃料使用，质量标准参照二类天然气质量标准执行。具体验收根据 GB 17820—2018《天然气》开展，检测项目技术要求见表 9-1，取样规范按 GB/T 13609—2017《天然气取样导则》执行。

表 9-1　　　　　　天然气技术要求及试验方法

项目	指标（一类）	指标（二类）	试验方法
高位发热量[①,②]（MJ/m³）	≥34.0	≥31.4	GB/T 11062
总硫（以硫计）[①]（mg/m³）	≤20	≤100	GB/T 11060.8
硫化氢[①]（mg/m³）	≤6	≤20	GB/T 11060.1
二氧化碳摩尔分数（%）	≤3.0	≤4.0	GB/T 13610

① 本标准中使用的标准参比条件是 101.325kPa，20℃。

② 高位发热量以干基计。

第二节　天然气中总硫含量测定

一、检测方法

天然气中总硫含量测定依据标准 GB/T 11060.8—2012《天然气　含硫化合物的测定　第 8 部分：用紫外荧光光度法测定总硫含量》。该方法采用具有代表性的气样通过进样系统进入到一个高温燃烧管中，在富氧的条件下，样品中的硫被氧化成二氧化硫。将样品燃烧过程中产生的气体暴露于紫外线中，SO_2 吸收紫外线中的能量后被转化为激发态的 SO_2，当 SO_2 分子从激发态回到基态时释放出荧光，所释放的荧光被光电倍增管所检测，根据获得的信号可检测出样品中的硫含量。

二、测试步骤

（一）采样

天然气采样依据 GB/T 13609—2017 进行，采样容器应具有抗硫能力。在样品检测前，需将采集在容器中的样品充分混匀。

（二）检测仪器的准备

设备启用前应检查气密性，并设定仪器参数，具体参数设置见表 9-2。

表 9-2   设备设定参数

样品注入系统载气	25~30mL/min
燃烧炉温度	1075℃±25℃
炉内氧气流量设定	375~450mL/min
氧气入口流量计设定	10~30mL/min
载气入口流量计设定	136~160mL/min
气样进样量	10~20mL
液体进样量	15μL

三、校准

（1）校准标准气选择。测定前需预估待测样品硫浓度，并根据预估值从表 9-3 中选择一个校准范围，最好使用能代表被分析样品的含硫化合物和稀释类型。应确保用于校准的标准物质浓度包括了被分析样品的浓度。

表 9-3   硫校准范围和标准浓度

硫曲线 I	硫曲线 II	硫曲线 I	硫曲线 II
0	0	10.00	50.00
5.00	10.00	—	100.00

（2）采用标准气体样品时，应充分吹扫进样环路，确保样品具有代表性。

（3）标准气校准。一般分为多点校准和单点校准两种方式。

多点校准的步骤：利用仪器内部自校功能，分析校准标样；使用前充分吹扫清洗三次；按照操作步骤校准分析仪，生成硫浓度曲线。该曲线一般为线性，且系统的性能在使用过程中至少每天检查一次。

单点校准的步骤：以原点作为零点，以总硫含量（最低偏差为 $\pm 25\%$）接近待测样品的标准物质作为连接点，建立标准曲线，按照单点校准公式计算校准系数 K。

（4）样品检测。检测前用待测样气充分吹扫进样环路。测量时应检测燃烧管和气体流动通道的元件，以确保试验样品被完全氧化。每个试验样品要测试三次，并计算出检测器的平均响应值。在样品测定的温度条件下，将样品体积换算到标准参比条件下，根据 GB/T 11062—2014《天然气　发热量、密度、相对密度和沃泊指数的计算方法》计算标准参比条件下的样品密度（如果不影响精度和准确度，只要样品基质组分已知，则可以使用其他技术获得样品的密度）。

四、测试注意事项

（1）测试样品中的硫浓度比校准过程中使用的最高标准样品浓度要低，比最低标准样品的浓度要高。

（2）测试时检查燃烧管和其他流动通道的元件，以确认试验样品被完全氧化。一旦观察到焦油或者烟灰，则应降低注入样品到燃烧炉的流量或减少样品进样量，或同时采用这两种手段。

（3）清洗出现焦油或者烟灰的部件。完成清洁或者调整后，需要重新安装并检查仪器的泄漏情况。对被测样品进行重新分析之前要重复进行仪器的校准步骤。

（4）每个试验样品要测试三次，并计算出检测器的平均响应值，将样品体积换算到标准参比条件下。

（5）每次应分析质量控制样品，以确认仪器或测试过程的性能。

第三节 天然气中硫化氢含量测定

一、检测方法原理

天然气中硫化氢含量检测依据 GB/T 11060.1—2010《天然气 含硫化合物的测定 第 1 部分：用碘量法测定硫化氢含量》测定。用过量的乙酸锌溶液吸收气样中的硫化氢，生成硫化锌沉淀，加入过量的碘溶液以氧化生成的硫化锌，剩余的碘用硫代硫酸钠标准溶液滴定。

二、测试步骤

（一）硫代硫酸钠标准溶液配制标定

取 26g 硫代硫酸钠和 1g 无水碳酸钠，溶于 1L 水中。缓缓煮沸 10min 后冷却，存储于棕色试剂瓶中，放置 14 天，取清液标定后使用。

称取在 120℃烘至恒重的重铬酸钾 0.15g（±0.0002g），置于 500mL 碘量瓶中；加入 25mL 水和 2g 碘化钾，摇匀，使固体溶解后，加入 20mL 盐酸溶液（1+2）或硫酸溶液（1+8），立即盖上瓶塞，轻轻摇动后置于暗处 10min；加入 150mL 水，用硫代硫酸钠溶液滴定，近终点时加入 2~3mL 淀粉指示液，继续滴定至溶液由蓝色变为亮绿色。同时做空白试验。两次标定的硫代硫酸钠浓度相差不应超过 0.002mol/L。

（二）样气吸收

1. 硫化氢含量高于 0.5% 的天然气

按标准要求搭好吸收装置，如图 9-1 所示。在吸收器中加入 50mL 乙酸锌溶液，用洗耳球在吸收器入口轻轻鼓动，使一部分溶液进入玻璃孔板下部的空间，用洗耳球吹出定量管两端玻璃管中可能存在的硫化氢。用短节胶管将装置中各部分紧密对接，打开定量管活塞，缓缓打开针型阀，以 300~500mL/min 的流量通过氮气 20min 停通气。

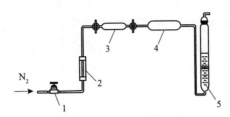

图 9-1 硫化氢含量高于 0.5% 的吸收装置示意图

1—针形阀；2—流量计；3—定量管；4—稀释器；5—吸收器

2. 硫化氢含量低于 0.5% 的天然气

按标准要求搭好吸收装置，如图 9-2 所示。在吸收器中加入 50mL 乙酸锌溶液，用洗耳球在吸收器入口轻轻鼓动，使一部分溶液进入玻璃孔板下部的空间。用短节胶管将装置中各部分紧密对接，全开螺旋夹，缓缓打开取样阀，用待分析气经排空管充分置换取样导管内的气体，记录流量计读数，作为取样的初始读数。调节螺旋夹使气体以 300~500mL/min 的流量通过吸收器，吸收过程中分几次记录气体的温度，待通过符合标准规定量的气样后，关闭取样阀，记录取样体积、气体平均温度和大气压力。在吸收过程中避免日光直射。

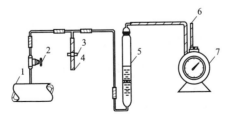

图 9-2 硫化氢含量低于 0.5% 的吸收装置示意图

1—气体管道；2—取样阀；3—螺旋夹；4—排空管；

5—吸收器；6—温度计；7—流量计

三、滴定

取下吸收器，用吸量管加入 10mL（或 20mL）碘溶液（5g/L），硫化氢含量低于 0.5% 时应使用较低浓度的碘溶液（2.5g/L），再加入 10mL 盐酸溶液（1+11），装上吸收器头，用洗耳球在吸收器入口轻轻地鼓动溶液，使之混合均匀。为防止碘液挥发，不应吹空气鼓泡搅拌，待反应 2~3min 后，将溶液转移进 250mL 碘量瓶中，用硫代硫酸钠标准溶液滴定，近终点时加入 1~2mL 淀粉指示液，继续滴定至溶液蓝色消失。同时做空白试验。滴定应在无日光直射的环境中进行。

第四节 天然气的组分分析和体积发热量

一、方法概要

具有代表性的气样和已知组分的标准混合气，在同样的操作条件下，用气相色谱法进行分离。样品中许多重尾组分可以在某个时间通过改变流过柱子载气的方向，获得一组不规则的峰。这组重尾组分可以是 C_5 和更重组分，C_6 和更重组分，或 C_7 和更重组分。由标准气的组分值，通过对比峰高、峰面积或者两者均对比，计算获得样品的相应组成。测试方法见 GB/T 13610—2014《天然气的组成分析 气相色谱法》。

体积发热量或质量发热量是天然气的一个重要参数，指单位体积或质量的天然气燃烧时所产生的热量。日本和北美国家习惯使用天然气高位热值，中国和欧洲国家习惯使用低位热值。

高位发热量是指规定量的气体在空气中完全燃烧时所释放出的热量。在燃烧反应发生时，压力保持恒定，所有燃烧产物的温度降至与规定的反应物温度相同的温度，除燃烧中生成的水在温度下全部冷凝为液态外，其余所有燃烧产物均为气态。低位发热量是指规定量的气体在空气中完全燃烧时所释放出的热量，在燃烧反应发生时，压力保持恒定，所有燃烧产物的温度降至与指定的反应物温度相同的温度，所有的燃烧产物均为气态。其计算过程如下。

（一）理想气体

已知组成的混合物，在燃烧温度 t_1、计量温度 t_2 和压力 p_2 时的理想气体体积发热量计算式为

$$\widetilde{H}^0[t_1, V(t_2, p_2)] = \overline{H}^0(t_1) \times \frac{p_2}{R \cdot T_2}$$

式中　$\widetilde{H}^0[t_1, V(t_2, p_2)]$ ——混合物的理想气体体积发热量（高位或低位）；

$\overline{H}^0(t_1)$ ——混合物的理想摩尔发热量（高位或低位）；

R ——摩尔气体常数，$R=8.1314510$ J/（mol·K）；

T_2 ——绝对温度（$T_2=t_1+273.15$），K。

另外一种计算方法如下：

$$\widetilde{H}^0[t_1, V(t_2, p_2)] = \sum_{j=1}^{N} x_j \cdot \widetilde{H}_j^0[t_1, V(t_2, p_2)]$$

式中　$\widetilde{H}_j^0[t_1, V(t_2, p_2)]$ ——组分 j 的理想气体体积发热量（高位或低位）。

GB/T 13610—2014 给出了在不同的燃烧和计量参比条件下 $\widetilde{H}_j^0$ 值。

（二）真实气体

气体混合物在燃烧温度 t_1 和压力 p_1，计量温度 t_2 和压力 p_2 时的真实气体体积发热量按如下公式计算：

$$\widetilde{H}[t_1, V(t_2, p_2)] = \frac{\widetilde{H}^0[t_1, V(t_2, p_2)]}{Z_{\text{mix}}(t_2, p_2)}$$

式中　$\widetilde{H}[t_1, V(t_2, p_2)]$ ——真实气体体积发热量（高位或低位）；

$Z_{\text{mix}}(t_2, p_2)$ ——在计量参比条件下的压缩因子。

二、技术要点

（1）标准气的所有组分应处于均匀的气态。对于样品中的被测组分，标准气中相应组分的浓度应不低于样品中组分浓度的一半，也不大于该组分浓度的 2 倍。标准气中组分的最低浓度应大于 0.05%。

（2）载气的纯度不低于 99.99%。

（3）进样系统的材料对气样中的组分应呈惰性和无吸附性，优先选用不锈钢。

（4）恒温操作时，柱温保持恒定，其变化应在 0.3℃ 以内。程序升温时，柱温不应超过柱中填充物推荐的温度限额。

（5）在分析的全过程中，载气流量保持恒定，其变化应在 1% 以内。

（6）在分析过程中，检测器温度应等于或高于最高柱温，并保持恒定，变化值应在 0.3℃ 以内。

（7）色谱柱的材料对气样中的组分应呈惰性和无吸附性，应优先选用不锈钢管。柱内填充物对被检测的组分的分离应能达到规定的要求。

（8）吸附柱应能完全分离氧、氮和甲烷，分离度 R 应大于或等于 1.5。

（9）分配柱应能分离二氧化碳和乙烷到戊烷之间的各组分。在丙烷之前的组分，峰返回基线的程度应在满标量的 2% 以内。二氧化碳的分离度 R 应大于或等于 1.5。

（10）除已知水分对分析不干扰外，在进样阀前应配备干燥器，干燥器应只脱除气样中的水分而不脱除待测组分。

（11）真空泵的真空度应达到绝对压力为 130Pa 或更低。

（12）对于摩尔分数大于 5% 的任何组分，应获得其线性数据。在宽浓度范围内，色谱检测器并非真正的线性，应在与被测样品浓度接近的范围内，建立其线性。

（13）对于摩尔分数大于 5% 的组分，可用纯组分或一定浓度的混合气，在一系列不同的真空压力下，用进样阀进样，获得组分浓度与响应的数据。

（14）对于摩尔分数不大于 5% 的组分，可用 2~3 个标准气在大气压下，用进样阀进样，获得组分浓度与响应的数据。

（15）对于蒸气压小于 100kPa 的组分，由于没有足够的蒸气压，不应使用纯气体来检测其线性。

（16）当仪器稳定后，两次或两次以上连续进标准气检查，每个组分响应值应在 1% 以内。

（17）在实验室，样品应在比取样时气源温度高 10~25℃ 的温度下达到平衡。温度越高，平衡所需时间就越短。

（18）如果气源温度高于实验室温度，那么气样在进入色谱仪之前需预先加热。如果已知气样的烃露点低于环境最低温度，就不需要加热。

（19）为了获得检测器对各组分，尤其是对甲烷的线性响应，进样量不应超过 0.5mL。测定摩尔分数不高于 5% 的组分时，进样量允许增加到 5mL。

（20）样品瓶到仪器进样口之间的连接管线应选用不锈钢或聚四氟乙烯管，不得使用铜、聚乙烯、聚四氟乙烯或橡胶管。

参考文献

[1] 郑东升 . 国家电网公司生产技能人员职业能力培训专用教材　油务化验 [M]. 北京：中国电力出版社，2013.

[2] 李烨峰，王应高，罗运柏 . 电力用油分析、监督与维护 [M]. 北京：中国电力出版社，2018.

[3] 汪红梅 . 电力用油（气）[M]. 北京：中国电力出版社，2015.

[4] 孙坚明，孟玉婵，刘永洛 . 电力用油分析及油务管理 [M]. 北京：中国电力出版社，2009.

[5] 罗竹杰，吉殿平 . 火力发电厂用油技术 [M]. 北京：中国电力出版社，2006.

[6] 朱明华 . 仪器分析 [M]. 北京：高等教育出版社，2000.

[7] 杨俊杰，陆思聪，周亚斌 . 油液监测技术 [M]. 北京：石油工业出版社，2009.

[8] 田松柏 . 油品分析技术 [M]. 北京：化学工业出版社，2011.